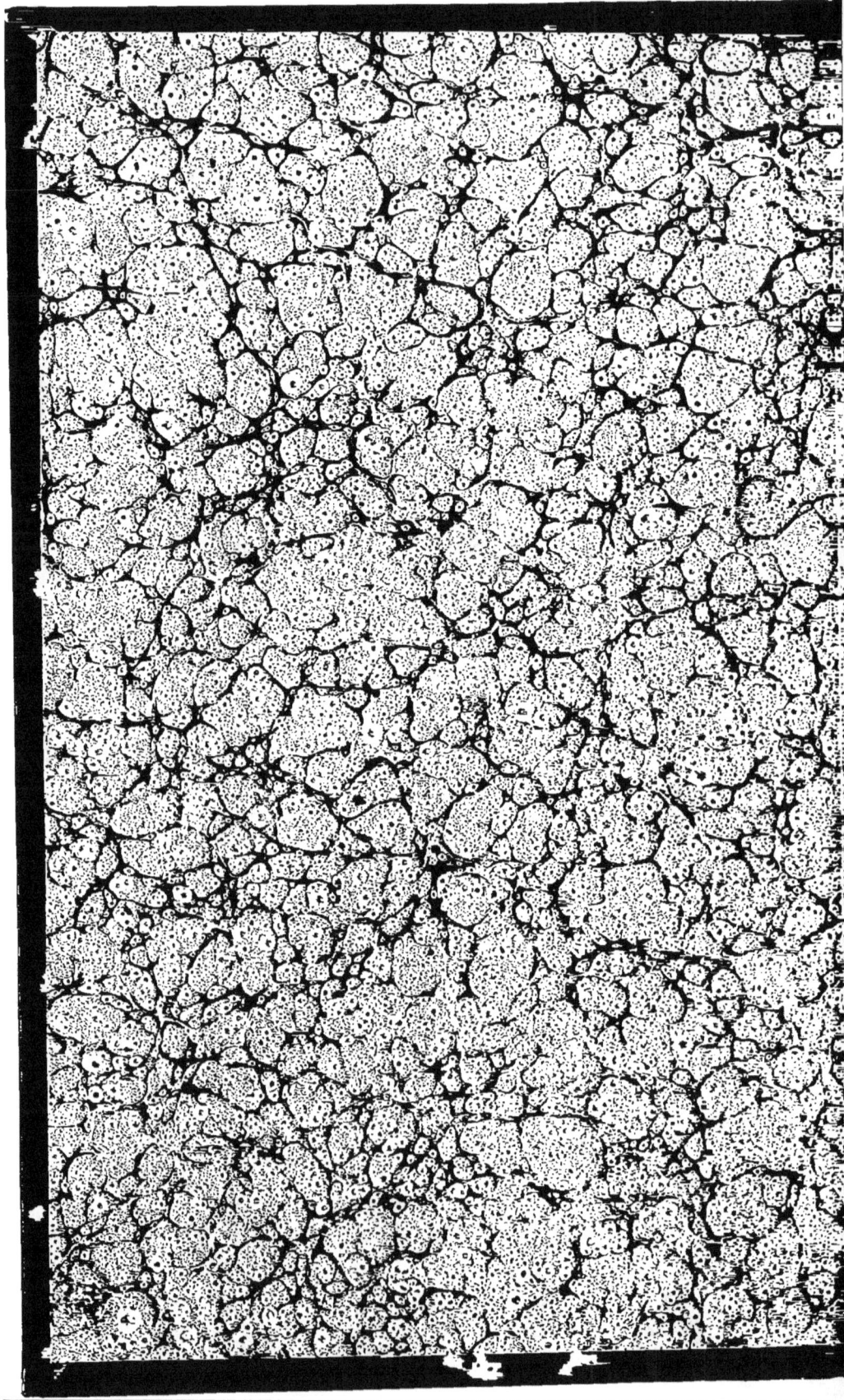

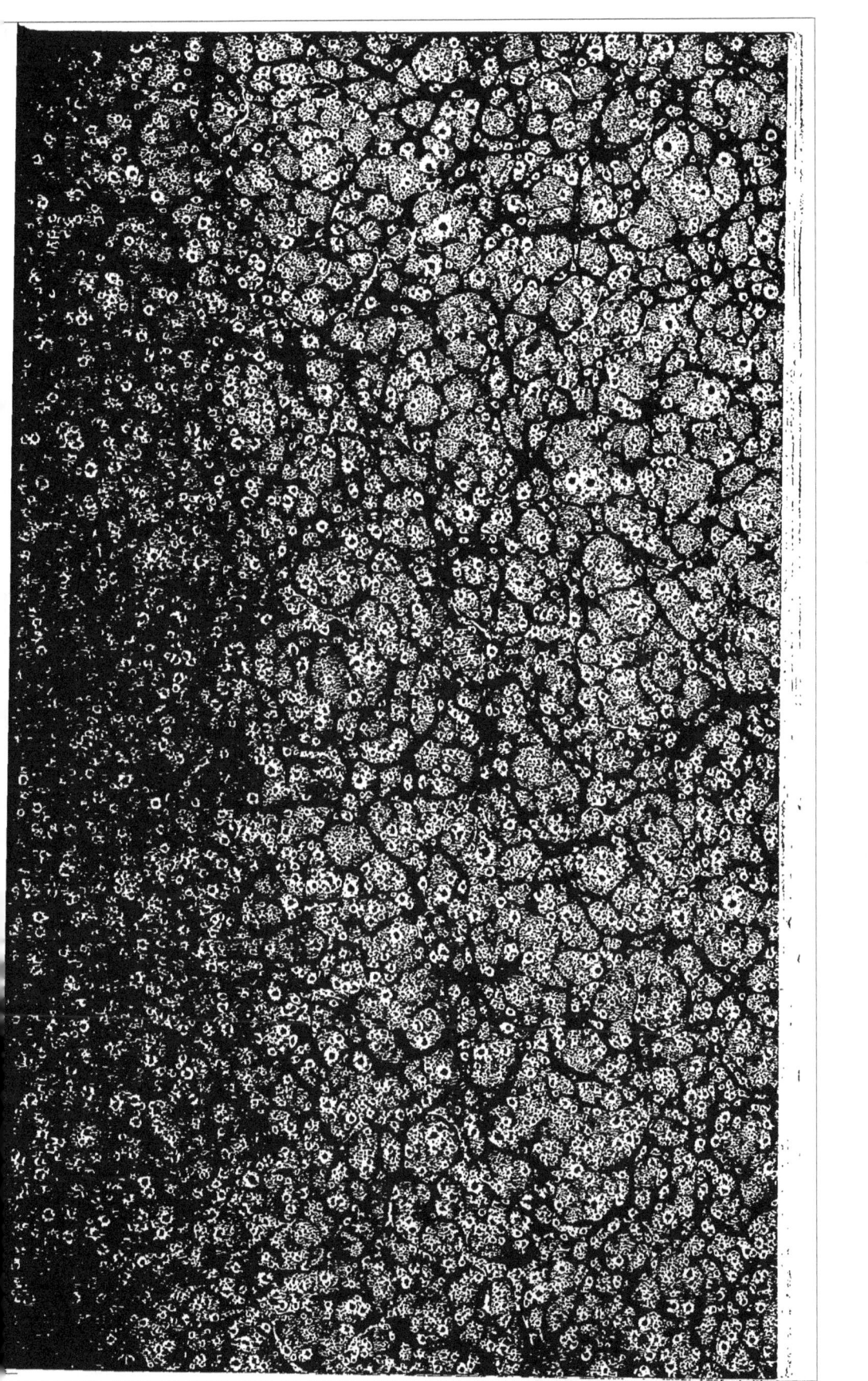

25 80

CONSEILS AUX BERGERS.

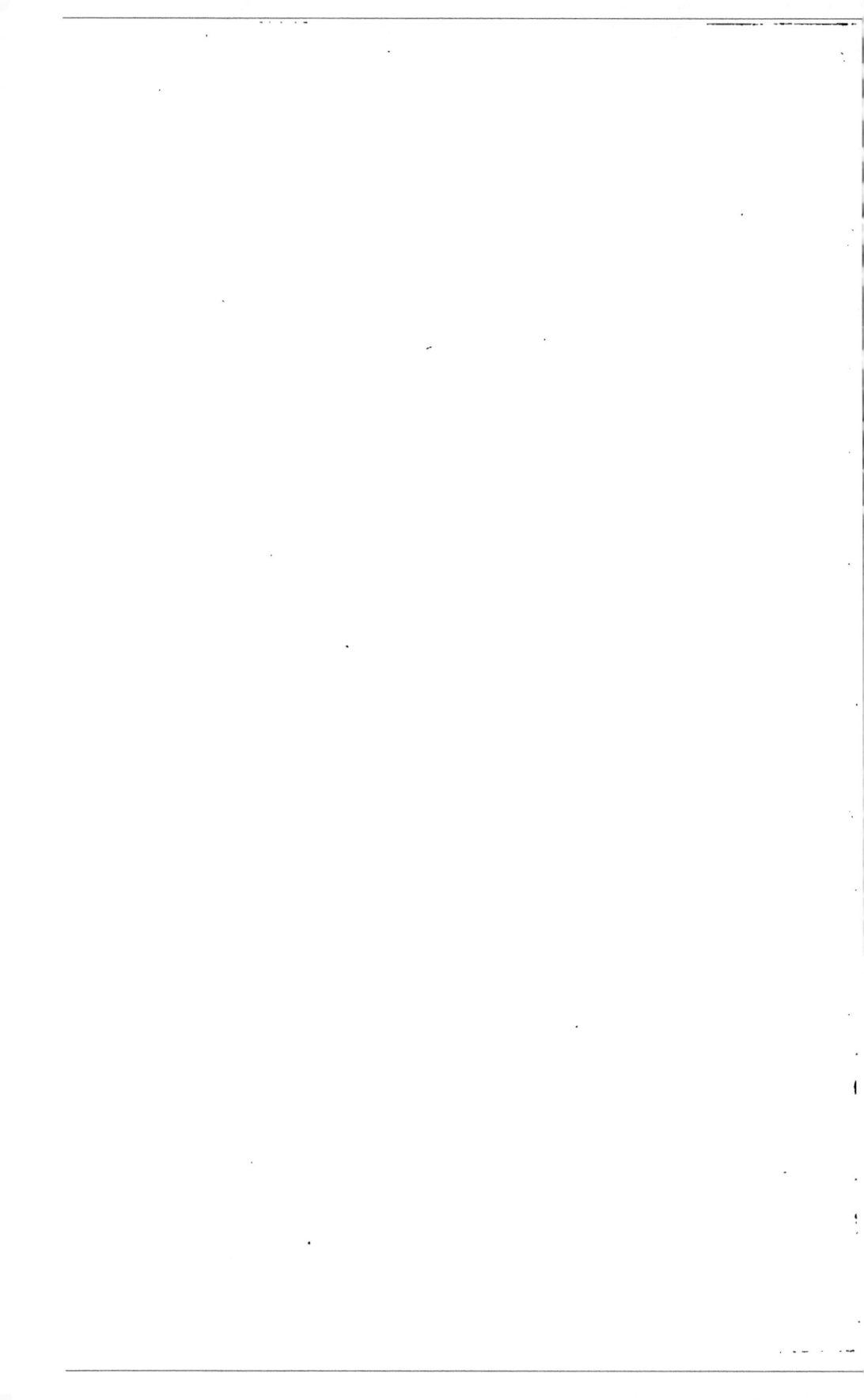

CONSEILS

AUX BERGERS,

PAR M. DAUPHIN,

propriétaire,

CANTON DE PREUILLY, ARRONDISSEMENT DE LOCHES,

INDRE-ET-LOIRE.

« Nous autres pauvres bergers, il nous
« faut des petits livres; nous n'avons ni
« l'argent ni le temps nécessaire pour lire
« les gros. »

———

PARIS,

IMPRIMERIE ET LIBRAIRIE D'AGRICULTURE ET D'HORTICULTURE

DE Mme V° BOUCHARD-HUZARD,

5, rue de l'Éperon.

—

1850

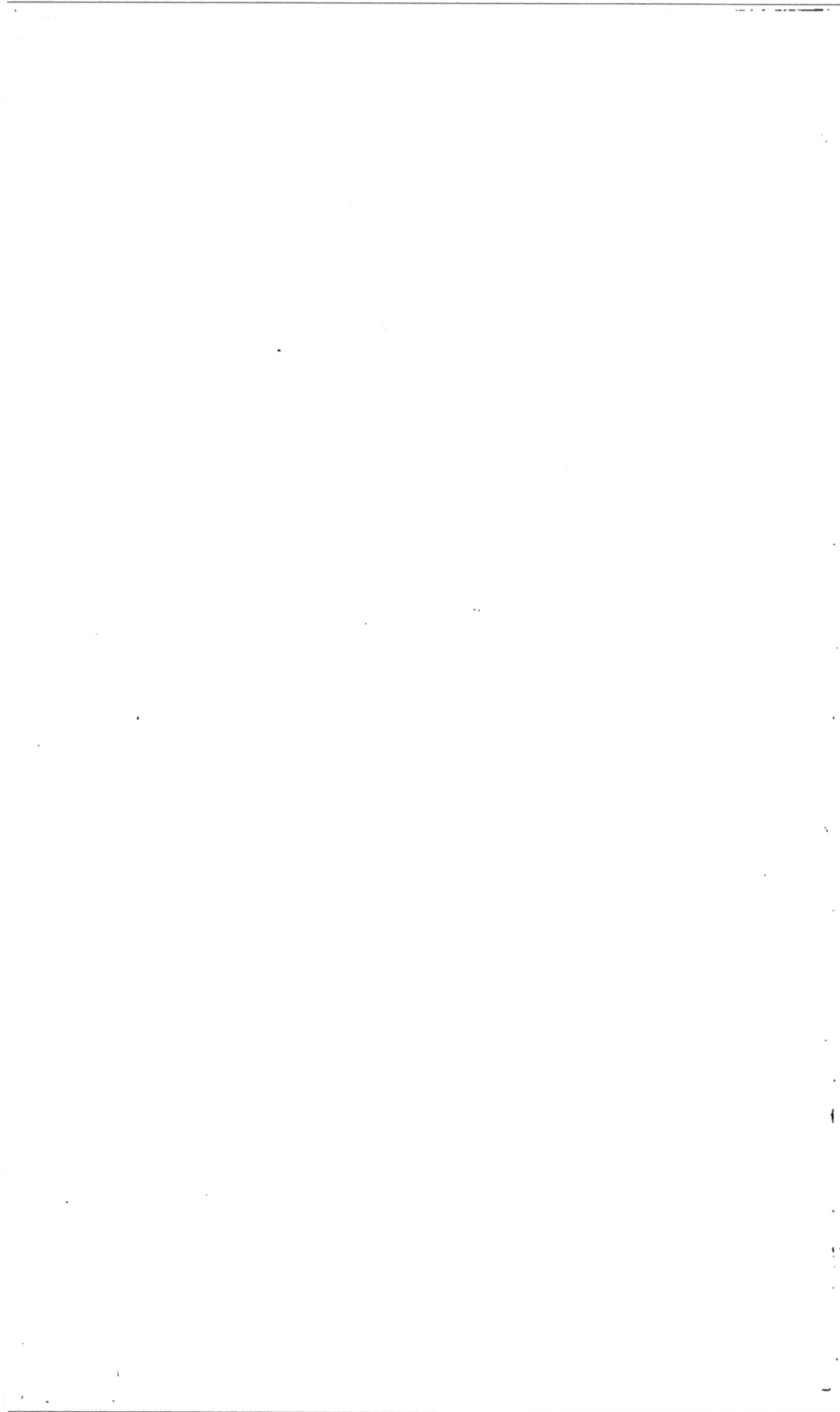

CONSEILS AUX BERGERS.

INTRODUCTION.

Cette petite brochure est écrite sous la dictée des bergers pour les personnes qui n'ont pas d'instruction, et qui veulent soigner des troupeaux, même pour des personnes qui ne savent pas lire ; elle est si courte, que les petits enfants du voisinage liront ce qu'il faut faire toutes les fois qu'on aura besoin d'une consultation pour pratiquer (nos enfants savent presque tous lire). Une grande quantité de livres ont été faits sur le même sujet par

des personnes d'un grand mérite ; mais souvent, sur cent pages, je ne trouve pas une
ligne qui puisse profiter aux bergers qui soi-
gnent eux-mêmes les troupeaux. J'ai essayé
de leur lire : ils branlent la tête et s'endor-
ment. Cependant l'instruction n'est profitable
qu'en s'adressant aux bergers. J'ai sur ma table tous ces gros livres, qui s'adressent aux
personnes instruites qui ne gardent pas les
moutons ; je vois cent, deux cents pages con-
sacrées à parler de l'éducation des moutons
sous les Grecs et les Romains, avec des cita-
tions grecques et latines, et puis après on
parle de l'introduction des béliers arabes en
Espagne par les Maures, du mérinos en
France, et du bélier indien chez les Hollan-
dais ; je demande si le pauvre berger a besoin
de tout cela. Si on parle des remèdes qu'il
faut administrer, on fait un cours complet
d'hippiatrique très-savant, on débat tous les
systèmes pour la même maladie ; on parle des
remèdes qui ont été préconisés, et qui, plus

tard, ont été trouvés mauvais ; on en indique vingt pour la même maladie : comment voulez-vous que le simple berger puisse y comprendre quelque chose ? tout cela l'embrouille, et le livre est abandonné. Cette petite brochure ne parle que du soin pratique qu'il faut donner journellement aux troupeaux ; je ne décris que les maladies les plus communes et un seul remède pour chaque maladie ; rien de plus simple.

On me dira : Votre petit livre est insuffisant, il ne contient pas toutes les instructions nécessaires. Je le sais bien, je ne puis travailler que suivant mes forces : pour les personnes qui ne savent rien, c'est déjà beaucoup d'avoir un commencement ; pour celles qui veulent plus d'instruction, elles peuvent s'adresser à la librairie de Mme veuve Bouchard-Huzard, rue de l'Éperon, 5, à Paris, elles y trouveront tout ce qui peut les satisfaire. Mais, pour les besoins usuels des bergers, tous me disent : « Pour nous autres pauvres bergers, il nous faut de petits livres ; nous n'avons ni l'argent ni le temps nécessaire pour lire les gros. » En effet, il est impossible à un gardien de troupeaux d'acheter un, deux, trois livres de 6 à 8 fr. la pièce.

FRANÇOIS GUÉNON.

Il faut une édition populaire, très-bon marché et très-courte.

Pour faire un très-bon livre pratique, il faut trouver, parmi les bergers, un homme de génie, un autre François Guénon, un simple marchand de vaches, qui a écrit son traité sur les vaches laitières ; ce que nous voyons tous les jours sur les vaches, par une finesse d'observation extraordinaire : lui seul a vu tout un système, et cette découverte est écrite en très-peu de mots, d'une manière admirable ; voici comment il faut écrire pour les vachers et pour les bergers ; mais où trouver celui qui aurait le même tact d'observation que François Guénon?... L'ouvrage de François Gué-

non est destiné à faire le tour du monde; toutes les éditions sont épuisées (chez Mme veuve
Bouchard-Huzard).

AUX FERMIERS.

Ceci s'adresse aux fermiers et aux petits
propriétaires : nous sommes dans un pays de
petite culture; le parcours des troupeaux est
très-restreint (60 hectares par domaine); il
n'est souvent composé que de soixante à qua-
tre-vingts bêtes, gardées par une bergère qui
gagne 40 à 50 fr. par an; on ne peut pas faire
plus de dépense pour un troupeau qui a si peu
de valeur, et dont la mortalité est presque certaine tous les deux ou trois ans par les mauvais soins qu'on lui donne, par une nourriture
insuffisante. Tout l'été, même par la plus
grande chaleur, le troupeau est condamné à
ne pas boire; et puis après, au moment des
rosées, des pluies, des neiges, il est constam-
ment dehors. Voici deux régimes bien oppo-
sés; il est bien facile de voir que des bêtes de

l'espèce la plus faible de France doivent suc-
comber. On ne peut sortir de là que par le
moyen que je propose : donner assez d'importance au domaine par des réunions ou autres..., pour avoir un parcours de 100 hectares pour cent cinquante ou deux cents bêtes
soignées par un véritable berger qui coûtera
160 à 200 fr. par an ; de cette manière, vous
trouverez un bénéfice sur le troupeau et surtout bénéfice sur la qualité et la quantité des
engrais. Un exemple entre mille pour prouver
l'importance que j'attache aux fumiers des
moutons.

HAUT BERRY. — QUALITÉ DES FUMIERS.

Dans l'espace compris entre Bourges, Le-
vroux, Châteauroux, le haut Berry enfin, se
trouve une grande plaine ; le sol est composé
d'une très-faible couche de terre médiocre ou
mauvaise, sur une masse de pierres ; cependant
presque partout les granges sont insuffisantes
pour contenir le blé, on voit dehors des ger-

biers comme dans les bons pays ; voici pour-
quoi : chaque domaine a un parcours suffisant
pour quatre, cinq ou six cents bêtes à laine
gardées par un très-bon maître berger qui sur-
veille les petits bergers ; vous voyez de suite
l'immense quantité de très-bons fumiers qui
sont à mélanger avec celui de six à huit chevaux, quelquefois quatre bœufs : ce dernier ne
peut entrer dans la masse générale que pour
un vingtième, peut-être un quarantième ; aussi
tout le monde a pu voir que ce fumier est si
gras, que, répandu sur les champs, aucun in-
strument ne peut le diviser, il faut la main des
femmes pour le subdiviser à grande peine ; c'est
la graisse de la terre, et je n'en connais pas, de
si mauvaise qu'elle soit, qui résiste à cet amen-
dement, voici tout le secret de la culture.

PETITE FERME. — MAUVAISE QUALITÉ DU FUMIER.

Reportons-nous à la petite ferme, voyons
comment sont composés les fumiers ; le troupeau de la petite ferme ne peut produire que

très-peu d'engrais, puisqu'il n'a reçu pendant neuf mois de l'année que la moitié de la nourriture nécessaire; d'un autre côté, les bêtes sont presque toujours dans un état maladif, ne peuvent donner que des fumiers beaucoup moins bons ; cette petite quantité étant mêlée avec le fumier de six bœufs, une vache et deux ânes, il est évident que c'est le fumier de bœuf qui domine, celui des brebis n'entre que pour une faible partie dans le mélange général ; les terres sont mal engraissées ; mauvaise qualité des fumiers, insuffisance de quantité, c'est visible à l'œil, quand on le répand sur le terrain (je ne parle jamais du fumier de cochon, il n'est bon à rien) ; voici donc le secret du peu de succès de toute cette culture. Si l'on transporte nos petits troupeaux et nos bergères dans le haut Berry, le pays est perdu ; si l'on transporte dans nos petites fermes de bons bergers et des troupeaux bien soignés, le pays est sauvé (tout le monde sait qu'il faut toujours proportionner la grosseur et le nombre des bêtes à la qualité et à l'étendue du parcours, et aussi à la quantité de fourrages dont on peut disposer). Je veux donc, par tous les moyens possibles, arriver à ce résultat : pour les fermes qui ont un parcours assez considérable, on peut de suite pratiquer ; mais, pour les petites fermes, on ne peut préparer que pour l'avenir par l'instruction des petites filles dans les écoles ; c'est la tâche que je veux entreprendre ; quant aux grandes bergères, la routine est tellement enracinée, que j'ai peu d'espoir de voir succéder l'instruction à l'ignorance. Les bons exemples partiels sont sans influence ; nous avons vu, il y a de vingt à trente ans, toute la résistance qu'on a mise à adopter la charrue, les prairies artificielles, les pommes de terre... ; mais les enfants de cette époque ont abandonné la routine par la puissance d'une *influence générale;* si donc je pouvais substituer, à des troupeaux rendus rachitiques par les mauvais soins, d'autres bêtes qui feraient le bénéfice du fermier par leur accroissement et par leurs bons engrais, je croirais avoir rendu un grand service : voici tout mon but.

AUTRE COMPARAISON.

SOINS DONNÉS AUX BÊTES BOVINES. — SOINS DONNÉS
AUX BÊTES A LAINE.

BÊTES A CORNES.

Lorsqu'un fermier veut acheter des bœufs, il apporte dans son choix les soins les plus intelligents ; il va souvent dans les foires éloignées pour trouver les meilleures espèces, des bœufs à la mode, ce qui veut dire qu'ils ont toutes les qualités, la forme du corps, même des cornes ; la couleur de la peau, qui doit être très-fine, très-souple et de la plus grande douceur : toute chose est examinée en connaisseur, de manière à avoir un bon travailleur, très-facile à engraisser. Cette connaissance est si positive, que plus tard on voit des marchands de bœufs de la Vendée, de la Normandie venir de si loin pour les acheter et les en-

graisser. Ils sont ensuite vendus, à Paris,
comme bœufs de Cholet, c'est-à-dire 10 cen-
times par demi-kilogramme de plus que les
autres bœufs, à cause de leur viande de première qualité, qui est si succulente et si fine;
elle est aussi plus pesante que d'autre, de manière qu'un petit bœuf se vend le même prix
qu'un gros, puisqu'il pèse autant.

Le bouvier couche toujours dans son étable;
il ne quitte jamais ses bœufs, il se lève à trois
heures du matin, et l'hiver à la même heure,
bien avant le jour. Le repas du matin se compose de trois portions de qualité progressive :
la première est un mélange de paille et de
quelques restes de la veille; on appelle cela
rouyaux; la seconde, le mélange est meilleur;
la troisième est tout à fait d'une bonne qualité.
C'est comme cela qu'on fait manger tous les
foins du domaine, en excitant l'appétit du
bœuf, qui mange avec plaisir ce qu'il aurait
refusé si on lui avait donné en une seule fois;
c'est comme trois plats de saveur différente

dont on compose son déjeuner. Pendant ce temps, on bouchonne, on étrille, on brosse, on carde....., de manière que le bœuf soit très-propre. L'étable est parfaitement nettoyée plusieurs fois par jour; rien n'est négligé : aussi le succès est certain. On conduit cette bonne bête au travail avec la plus grande douceur; on le chante pour le distraire; on fait son éloge pour le charmer. J'ai vu des bouviers quitter leur blouse pour couvrir le bœuf mignon pendant la pluie; dans d'autres cantons, ils ne sortent jamais sans couverture. S'il survient la moindre tristesse, le moindre dégoût, le maître en est informé; il donne de suite des ordres pour aller chercher le médecin; toute la maison est dans la plus grande inquiétude; on se précipite auprès du malade, on apporte la couverture de laine qui est sur le lit, on lui fait prendre un cordial, on le veille la nuit. Le médecin arrive; ses ordonnances sont exécutées avec la plus grande exactitude; on part pour aller chercher les remèdes..... Mais enfin, si la maladie a une fin fatale, ce sont des cris, des larmes qui sont partagés par le voisinage, et, quelques années après, on en parle encore avec attendrissement.

SOINS DONNÉS AUX BÊTES A LAINE.

BERGERIES.

Voyons la porte à côté; c'est la bergerie. Le soir, la bergère a ramené son troupeau; une grande partie est malade : c'est visible. Quelques bêtes ont les quatre pattes rapprochées du point de centre; d'autres ont la tête basse et des poches sous la mâchoire; d'autres ont la gale; comme la laine est tombée, c'est visible de bien loin. On fait rentrer tout cela, et on ferme la porte; la bergère, sans inquiétude, s'en va à ses autres occupations..... Le lendemain, à l'heure ordinaire, on ouvre la porte, on trouve plusieurs bêtes de mortes, on les jette dehors pour les chiens (on ignore la valeur d'une brebis comme engrais), on laisse dans la bergerie celles qui doivent mourir quelques heures plus tard ; la bergère part avec les autres, en disant sa chanson ordinaire. Pour être juste, il faut dire que quelquefois on donne un peu de paille quand l'eau tombe si fort que la bergère ne veut pas se mouiller et reste au coin du feu.

Je sais parfaitement que quand ce troupeau est arrivé à ce point d'épuisement, quand la gale et la pourriture sont au dernier degré, il est presque impossible de guérir ; mais c'est cet état maladif qu'il faut empêcher. Si l'on avait soigné le troupeau comme on a soigné les bœufs, cela ne serait pas arrivé ; avec un régime approprié à la circonstance et à leur constitution, on les aurait préservés, comme font les bons bergers. Il est réellement incroyable que deux espèces de bêtes appartenant au même propriétaire soient traitées d'une manière si différente ; d'un côté tant d'intelligence, d'un autre côté tout ce qu'il faut pour faire mourir le troupeau. Généralement on ne porte

intérêt qu'aux choses qui vous portent bénéfice; voici ce qui explique l'indifférence de
nos fermiers de ces pays de petite culture. La
récolte de laine est peu de chose; la bête est
souvent presque dépouillée et a laissé sa toison dans les haies; les moutons à vendre sont
peu nombreux, et les agneaux sont en trop petit nombre pour remplacer la mortalité.

GRANDE CULTURE.

Dans les pays de grande culture et de grands
troupeaux, les yeux du fermier sont toujours
fixés sur la bergerie; il sait bien que c'est avec
elle qu'il peut payer sa ferme et qu'il engraisse
ses terres; aussi lui-même, dans sa jeunesse,
il a été petit berger, et puis maître berger :
c'est toujours au fils de la maison le plus in-
telligent à qui on donne cette besogne impor-
tante. Mais le vieux fermier a une telle habitude de la bergerie où il a passé sa jeunesse,
que tous les jours il va aider, et ne s'en rap-
porte qu'à lui des soins qu'il faut donner sui-

vant la saison. Dans les pays de petite culture,
le fermier n'y va jamais; il laisse ce soin aux
femmes, et plus souvent aux servantes.

Le bouvier de la petite ferme couche dans
son étable, avec ses bêtes; sa santé est parfaite dans une écurie très-propre. La bergère
ne couche jamais avec son troupeau; le mal est
là. Si la bergère était forcée de coucher dans
sa bergerie, l'intérêt de sa santé personnelle la
forcerait à assainir son étable comme celle des
bœufs; peut-être prendrait-elle plus d'affection
pour ces bêtes : c'est au maître à donner l'exemple.

BERGERIE.

La bergerie peut contribuer à la prospérité
du troupeau ou à sa mortalité; c'est ce qu'il
faut examiner : le peu de soin qu'on apporte
dans ce logement, l'infection par défaut d'air
et de propreté rendent les animaux sujets à la
gale, aux dartres, aux rhumes et à la pourriture;
le sol doit en être parfaitement sec et plus

élevé que la terre qui l'entoure. Si la bergerie
ne se trouve pas naturellement sur le roc, sur
la craie, sur le sable, il faut faire faire un sol
factice, enlever la terre qui peut contenir de
l'humidité à 0^m,33 de profondeur, pour rap-
porter à la place des cailloux, du gravier ; enfin
0^m,15 à 0^m,20 de marne, qui recevra toutes
les urines : cette marne sera ôtée et remplacée
toutes les fois qu'on nettoiera l'étable, et par
ce moyen on doublera les engrais. Pour les terres froides et humides ou compactes, on fera
la même chose pour la petite cour des moutons ; j'appellerai cette petite cour, qui précède
la bergerie, *un petit parc domestique*. (*Voy.* le
plan de cette bergerie, qui fait partie du même
ouvrage du même auteur, *Essais sur les moyens
d'améliorer les constructions rurales pour le logement des hommes et des animaux dans la cam-
pagne* ; chez Mme Ve Bouchard-Huzard, rue de
l'Éperon, 5, à Paris ; *sous presse.*) L'utilité de ces
petits parcs est immense ; je ne peux pas comprendre qu'ils ne soient pas adoptés plus généra-

lement; je les ai placés dans une position ex-
ceptionnelle, à l'abri de toute espèce de vent
de trois côtés : dans les beaux jours frais, du
soleil dans le parc du midi ; dans les grandes
chaleurs, de l'ombre, jamais de soleil, dans le
parc au nord. On ne peut être aussi heureux
qu'en bâtissant un domaine entier, et qu'on a
pu choisir son terrain et harmoniser l'ensem-
ble et les détails de toutes les étables. Ce n'est
que les yeux sur le plan que l'on peut bien
comprendre ce qui suit.

La bergerie est composée de deux petits
parcs et de trois pièces. D'abord, en avant, la
chambre du berger : de son lit, il y a une ouverture suffisante dans le mur de séparation
pour voir et entendre tout ce qui se passe dans
la bergerie, où il peut communiquer sans sortir dehors ; mais, de son lit, il peut déjà juger
si la température est trop froide ou trop chaude.
Si j'ai pris des précautions pour la santé de
mon troupeau, j'en ai pris bien davantage pour
la santé de mon berger, et cette disposition est

la seule convenable pour donner ces soins la nuit sans inconvénient, même par la pluie.

Une antichambre, avec un grand coffre pouvant contenir de l'avoine, de la farine, des légumes; un tiroir pour la pharmacie, la lancette, la palette pour la gale, l'onguent pour cette maladie, de l'alcali volatil, des forces. On peut, dans le même endroit, placer quelques bottes de fourrage, afin de l'avoir sous la main; plus des baquets....., la houlette, la panetière. Le service peut se faire la nuit et par le mauvais temps, sans sortir.

BERGER.

Le service du berger dans les pays de grande culture est bien différent que dans les cantons de petite culture : pour les grands troupeaux on a un maître berger qui a toute la surveillance des étables, soigne les malades, donne ses ordres aux petits bergers qui vont aux champs; il fait partir toutes les divisions dans un ordre convenable, désigne le parcours de

chaque berger, ordonne la rentrée, les visitant
avec le plus grand soin.

Pour les petits troupeaux, composés généralement de deux divisions, le berger va lui-
même aux champs pour une division; il a la
même surveillance que le maître berger, mais
seulement sur un plus petit nombre. Il entre
de grand matin dans sa bergerie; les portes
étant brisées, c'est-à-dire s'ouvrant par la
moitié, la partie du haut est ouverte et donne
un courant d'air extraordinaire, qui chasse
tous les miasmes putrides de la nuit, ce qui
met la bergerie à la même température que le
dehors, mais *graduellement* (ce courant d'air
passe au-dessus des bêtes et ne peut leur faire
de mal); il visite le troupeau, et puis après, il
ouvre tout à fait la porte à la première division, qui passe dans le petit parc, soit au nord,
soit au midi, suivant la saison, ce qui donne
la plus grande facilité pour nettoyer les crè-
ches....., et les garnir de nourriture nécessaire. Elle doit être plus ou moins abondante,

suivant que le troupeau a mangé plus ou moins
la veille ou qu'il doit manger dans la journée
dans le parcours qu'on doit lui faire faire,
ainsi de suite pour les autres divisions. Ma bergerie a des croisées vis-à-vis des portes, pour
établir un courant d'air permanent, mais ce
déplacement se fait en travers, parallèlement
au sol ; il faut avoir une certaine force pour
avoir un résultat qui n'est pas toujours complet : ce qui est bien plus simple et bien meilleur, c'est d'avoir une cheminée d'appel ; les
vapeurs putrides et autres s'enlèvent perpendi-
culairement, la moindre porte ouverte refoule
l'air et le fait monter (*voy.* le plan). Je re-
commande cet usage, qu'on doit adopter généralement dans les bergeries bien faites. Le soir,
le berger fait rentrer sa division dans le petit
parc ; il nettoie les râteaux et donne son fourrage sans être gêné par ses bêtes ; il peut aussi
les faire boire dans les auges. Pendant l'été et
les plus grandes chaleurs, lorsque toute l'herbe
est brûlée, desséchée, il faut faire boire deux

3

fois par jour, et donner au troupeau un sup-
plément de nourriture composé d'herbes frai-
ches, telles que la vesce, la luzerne..... Après
cette saison arrive l'automne ; s'il est venu des
pluies pendant la récolte, les chaumes et autres
pacages ont une herbe humide et surabon-
dante ; un berger prudent n'en laisse manger
à son troupeau que la quantité nécessaire,
sinon il peut en faire mourir un grand nombre. L'hiver, il faut suppléer à un mauvais pacage d'herbes mortes, pleines d'eau et sans
saveur, par une nourriture sèche donnée à l'é-
table ; c'est le seul moyen de sauver le troupeau. Voici un troisième régime : si la neige,
les pluies continues empêchent le troupeau
de sortir, il faut lui donner une nourriture
moins sèche, et puis des feuilles de choux, des
navets, de l'eau blanche et du fourrage. En
toute saison il faut corriger une nourriture
trop humide par le mélange d'une nourriture
sèche, et après corriger une nourriture trop
sèche par un peu de nourriture verte, et dans

les deux cas ajouter un peu de sel; c'est à ces soins qu'on peut juger de l'habileté du berger. Si les soins du troupeau sont bien entendus, sa santé sera parfaite; rien de plus facile que de prévenir la maladie, rien n'est aussi difficile que de la guérir. La bergerie doit être rafraîchie l'été autant que possible, et l'hiver avoir une chaleur douce et sans odeur.

CONDUITE DU TROUPEAU.

A une heure convenable après la rosée, les gelées blanches, les brouillards, le berger part avec son troupeau; il le conduit d'abord dans les endroits *élevés* et bien *secs,* et successivement, plus tard, dans des pacages plus gras; il doit avoir soin d'avoir le soleil toujours derrière lui ou sur le côté, jamais en face. Je me moque d'une bergère qui va s'asseoir sous un arbre, et qui toute la journée garde son troupeau dans le même endroit. Un bon berger fait faire un grand parcours à son troupeau, ne s'arrête jamais, en le conduisant très-doucement; pour cela, il est d'une grande importance d'avoir de bons chiens bien dressés, bien dociles, afin de ne jamais mordre le troupeau. On a vu des chiens si actifs, si intelligents, que pendant la maladie de leurs maîtres ils ont conduit seuls le troupeau dans les pacages ordinaires, en suivant le même ordre dans le parcours, et ils ont ramené les bêtes à la même heure à la bergerie. La lenteur de la marche donne le temps de brouter la pointe de l'herbe, qui est la seule partie qui soit bonne, tandis que, si vous fixez les moutons dans le même endroit, ils mangent l'herbe jusque dans la racine, ce qui est détestable comme nourriture, et le pacage est détruit pour longtemps; de l'autre manière il repousse après quelques jours (voyez comme l'ignorance fait faire des fautes). Aussitôt que le temps menace de la pluie, le berger rentre son troupeau; il en est de même par les grandes chaleurs : il est indispensable de le conduire plus lentement encore; on le place dans le petit parc au nord, où

il trouve de l'ombre et de la fraîcheur, au lieu
de le faire coucher sur un fumier brûlant et
infecté ; il en sera de même dans les belles
nuits d'été. Je répète que ce qu'il y a de plus
nuisible pour un troupeau bien soigné, c'est la
chaleur ; il faut tout faire pour l'en préserver,
soit dehors, soit à l'étable ; il est bien préférable de le mettre sous un hangar, comme on
fait dans une partie de la France et de l'Angle--
terre, que de le mettre dans une bergerie fer-
mée, mais il faut que le troupeau, bien portant
et bien nourri, se couvre d'une toison d'une
laine longue et feutrée, qui ne laisse pas pénétrer
le froid, la pluie. Le suint qui baigne la toison
empêche de pénétrer l'humidité par une couche
de graisse impénétrable. Les bêtes étouffent par
la chaleur ; elles se pelotonnent, elles mettent
la tête sous une autre ; le flanc est haletant, un
coup de sang est possible. L'ombre et la fraîcheur sont indispensables ; il faut bassiner les
naseaux avec de l'eau et du vinaigre. Je n'ai pas
parlé du parcage dehors ; dans l'état actuel, les

bêtes sont généralement si faibles, qu'elles ne peuvent pas le supporter; il faut donc attendre que l'espèce soit améliorée.

Les bêtes maigres, malades, mal nourries ont une toison courte, dégarnie, presque pas de suint; elles sont si faibles, qu'elles sont susceptibles du chaud comme du froid, tout leur fait mal; le plus ordinairement c'est la gale, des dartres, la pourriture qui les tuent. Je veux abréger, je ne puis pas décrire tous les avantages du petit parc et de la cheminée d'appel.

OBJETS DONT LE BERGER A BESOIN.

Le berger a besoin d'une houlette, d'une panetière pour ses provisions, d'une lancette qui ne doit jamais le quitter, ainsi que de l'onguent pour la gale et une palette en corne pour frotter les boutons des bêtes qui se grattent, de l'alcali volatil; sa petite pharmacie, qui contient les remèdes et instruments, reste dans le local qui lui est destiné.

BÉLIER.

Il est indispensable que le berger choisisse des béliers irréprochables sous tous les rapports : ils doivent être d'une vigueur extraordinaire, c'est la première qualité ; avoir des formes parfaites ; une toison très-fine et très-fournie, de la plus grande finesse, sans jarre. Si l'on ne trouve pas dans le troupeau toutes ces qualités réunies, il faut acheter d'autres béliers dans le voisinage, sinon tous les soins qu'on prendra sont perdus ; d'un autre côté, cette introduction du sang étranger doit se faire tous les deux ou trois ans ; on y trouvera un grand avantage.

La pire chose qu'on puisse faire, c'est de choisir de très-gros béliers ou des métis mérinos pour croiser avec de petites bêtes faibles et qui mangent peu ; vous obtiendrez alors un agneau dont la sortie du ventre de sa mère pourra lui donner la mort, surtout s'il doit avoir des cornes (la partie osseuse sera déjà prononcée). Cet agneau aura de grandes jambes, il sera d'une construction défectueuse, délicate, d'une grande faiblesse, tant il aura été gêné dans le ventre de sa mère, et il aura été si mal nourri, qu'il finira de l'épuiser; l'un ou l'autre périront dans l'année.

Quand on a un bon pacage qui comporte des bêtes plus fortes que celles que vous avez, achetez des mères plus grandes, et progressivement; mais il est bien préférable d'avoir des béliers de la même grosseur que les brebis. Je répète encore que rien n'a autant d'importance que le choix du bélier; on ne peut pas être trop sévère; pour la moindre imperfection, il doit être rejeté; mais la première qualité, c'est la vigueur. Il faut toujours transmettre un sang pur et généreux; si vous avez des agneaux d'un bélier malade ou malsain, tous les soins ne pourront garantir du mal qui peut en résulter; par votre négligence, vous avez tué votre troupeau.

BREBIS.

Au moment où la brebis met bas, si elle est trop faible, si elle met trop de temps pour jeter son agneau, il faut lui donner du vin chaud; mais si elle est trop forte, trop tourmentée, trop nerveuse, si elle a la tête trop chaude et du sang dans les yeux, il faut la saigner; la délivrance sera plus facile.

AGNEAU.

Lorsque l'agneau se présente bien, il faut laisser agir la nature tout simplement; mais, s'il se présente mal (*voy*. la gravure), il faut avoir les plus grands ménagements et une grande délicatesse, les mains graissées d'huile pour changer cette position mauvaise par une bonne; tout cela ne peut s'expliquer, même avec beaucoup de paroles; il faut avoir vu bien des fois un très-bon berger pratiquer pour se faire une idée de la difficulté.

Le berger doit redoubler de soins pour les

mères et les agneaux, leur donner une nourriture meilleure, plus abondante, plus délicate,
de l'eau blanche aux mères et des légumes
après le bon foin ; sinon elles tomberont épuisées, et tous les soins possibles, s'ils sont donnés trop tard, n'empêcheront pas les bêtes de
mourir. Une bonne nourriture pour la mère
et également pour l'agneau ; le défaut de soins
fera mourir l'un et l'autre ; souvent l'agneau
ne meurt que l'année d'après, ayant traîné
pendant six mois ; si de bien bonne heure on
lui a donné de l'avoine, de la farine, on peut
le sauver.

C'est surtout au moment de la naissance des
agneaux qu'on appréciera la commodité de la
distribution que je propose pour la bergerie
(*voy.* le plan). Le berger doit nécessairement
visiter sa bergerie plusieurs fois pendant la
nuit, et, pour le faire sans sortir dehors, il trouvera également tout ce qui peut lui être nécessaire dans l'intérieur ; je désire voir adopter

cette disposition, dans l'intérêt du berger et celui du troupeau.

LA TONTE.

La tonte doit se faire debout, sur une claie ; le mouton est attaché par les quatre pattes (*voy.* la gravure) ; on prend des ciseaux ou des forces, ces dernières sont préférables. Pour que la tonte soit bien faite, il faut que la bête n'ait reçu aucune coupure et que la laine soit coupée très-court ; un bon tondeur expédie quarante bêtes de taille moyenne.

Remèdes pour quelques maladies les plus connues.

MALADIES.

Coupures légères. — Prenez charbon pilé et un peu d'essence de térébenthine ; quand la blessure est plus grave, on la panse avec un digestif, 31 grammes d'eau-de-vie, même quantité d'essence de térébenthine et un jaune d'œuf ; si la plaie est purulente, il faut d'abord laver avec du vin chaud ; s'il y a perte de sang, il faut couvrir avec de l'amadou et bander.

Fracture des pattes. — On replace délicatement les os, on les maintient avec des éclisses de bois et un mélange de suie et du blanc d'œuf, de l'étoupe par-dessus et un galon bien souple.

Tiques et poux. — Employez la fumée de tabac ; il faut la faire pénétrer dans la laine avec un soufflet ; il faut de l'habitude pour bien faire.

Gale. — Les animaux se grattent, la toison se détache, la peau est plus dure ; des écailles blanchâtres, des petits boutons rouges et ensuite blancs grènent sous la peau : faites fondre 5 hectogrammes de suif en été, et de graisse l'hiver, et 12 hectog. de térébenthine ; écartez la laine, frottez les boutons après avoir enlevé la croûte avec un grattoir en corne.

Dartres. — Même remède.

Noir-museau. — Cette maladie n'a lieu que dans les bergeries malpropres, et toujours par la faute du berger ; prenez fleur de soufre et graisse, et frottez ; mais d'abord il faut bien nettoyer.

Boiterie. — Elle peut avoir des causes différentes. Il faut d'abord vider le pied, le nettoyer et s'assurer qu'il ne contient aucun corps étranger, puis on le bassine avec du vin chaud ; mais, si la maladie est plus grave, elle se nomme *panaris, crapaud, fourchet.* On trouve un suin-

4

tement autour du sabot, ou de la rougeur à la fourchette accompagnée de chaleur ; mais bientôt il se manifeste un écoulement fétide ; quelquefois le sabot se détruit, et puis la gangrène. Le remède est de l'eau de Goulard et le pied enveloppé d'étoupes, mais quelquefois il faut dessoler le pied, enlever le tendon de la fourchette ; pour les opérations, ayez recours aux vétérinaires.

Maladie du pied, araignée. — Cette maladie peut être attribuée à des coups, à la malpropreté, à la sortie des étables trop chaudes pour aller subitement à l'air froid. — *Remède :* une décoction de graine de lin, et, plus tard, un mélange d'huile de térébenthine avec un jaune d'œuf.

Rhume. — Mettre la bête bien près d'une chaudière d'eau bouillante dans laquelle on a mis du goudron, de la lavande, un peu de térébenthine ; cette vapeur est bienfaisante.

Diarrhée. — Elle a pour cause le changement subit de nourriture; c'est toujours de la faute du berger. Pendant la nourriture verte, il faut en donner un peu de sèche ; pendant la nourriture sèche, il faut en donner un peu de verte.

Gonflement. — Les herbes fraîches et succulentes dont l'animal vient de se gorger laissent dégager, dans la digestion, une quantité considérable de gaz qui, ne pouvant pas sortir assez vite, distend l'estomac et donne la mort. — *Remède :* presser le ventre, tenir la gueule ouverte au moyen d'une petite branche d'arbre tenue avec une ficelle, faire marcher ; on voit que le ventre résonne d'une manière particulière. — *Autre remède :* faites prendre un verre de lessive de cendre ou l'alcali volatil, quinze à vingt gouttes dans un verre d'eau ; le berger doit toujours en avoir. Si la météorisation se présente d'une manière très-menaçante, il faut plonger un trocart et même un couteau dans la panse, de haut en bas, au centre du flanc gauche, à égale distance de la dernière côte et de l'épine du dos; on met un tube creux dans la plaie; il faut faire le remède de *suite*; une minute de retard, la bête est morte.

Pourriture, cachexie aqueuse. — Cette maladie est produite par une nourriture insuffisante ou donnée sans discernement; les étables empuanties, mal aérées, empoisonnées par la saleté et le séjour prolongé des fumiers. Cette maladie n'existe point dans la bergerie bien tenue; il faut donc la prévenir par un bon régime. On reconnaît cette terrible maladie, qui dépeuple tant de bergeries, à la veine de l'œil, qui est pâle, ainsi que la surface intérieure de la paupière. On voit des poches d'eau sous le menton, la laine est tombée ou sans résistance, c'est la mort.

Pourriture rouge, maladie rouge. — C'est la même, mais plus aiguë. Au printemps, le froid et la chaleur subite rendent la mortalité plus prompte ; en sept ou huit jours, c'est fini pour les bêtes qui ont langui tout l'hiver.

Mal de bois. — Au printemps, le troupeau qui a mangé du bourgeon de bois est trop échauffé, ce qui développe une inflammation. — *Remède :* il faut saigner à la jugulaire et donner de l'eau blanche.

Genestade. — Cette maladie vient de l'avidité de manger de jeunes sapins, la gousse du genêt, du gland. — *Remède :* de l'eau blanche. Si la maladie est plus grave, il faut donner un peu de sel de nitre, quelques gouttes d'essence de térébenthine en lavement.

Tétanos ou spasmes nerveux, resserrement de la mâchoire. — On est fort incertain pour le remède. L'animal peut guérir ; on lui ouvre la bouche pour le faire mâchonner.

Tournis. — Il y en a de plusieurs espèces.

Si cette maladie vient de vers dans le cerveau (hydatides), il faut confier l'animal au vétérinaire, qui fera la ponction des hydatides au moyen d'un trocart et d'une pompe.

Coups de sang, chaleur. — Cette maladie attaque plus fréquemment les bêtes fortes, et dans la belle saison. C'est une apoplexie foudroyante qui frappe subitement les bêtes les plus sanguines ; on les voit ouvrir la gueule, baver, rendre le sang par le fondement, par le nez, râler, battre des flancs et mourir. — *Remède :* saigner de suite, sans une minute de retard, comme il a été expliqué (*voy.* la gravure) ; tâter la veine angulaire vis-à-vis de la quatrième dent, au-dessus du tubercule, on ouvre la veine.

Charbon, gangrène. — Maladie contagieuse très-prompte ; il faut s'adresser aux vétérinaires.

Clavée, claveau. — C'est une sorte de petite

vérole particulière aux bêtes à laine, et qui fait des ravages considérables; l'animal rapproche les jambes, avec une grande soif, et la fièvre, et puis l'éruption des boutons, qui, d'abord rouges, deviennent blancs; une partie du corps est privée de laine. Quand l'animal doit mourir, une morve épaisse découle de ses narines, la tête est enflée, la respiration est difficile; cette maladie n'attaque jamais deux fois la même bête. Aussitôt que le claveau se manifeste dans une bergerie, il faut profiter des premiers boutons des malades pour vacciner toutes les autres bêtes qui se portent bien. On obtient de cette manière un claveau mitigé, beaucoup moins dangereux. Aussitôt qu'on a du virus et qu'on a inoculé toutes les bêtes, on peut regarder la contagion comme finie. — *Manière de faire l'opération :* il faut pratiquer avec une lancette une petite incision superficielle, de manière à diviser l'épiderme, sous la cuisse, sous les aisselles; puis après, on introduit la même lancette dans les boutons pleins de pus, et l'on applique la matière purulente qu'on vient de retirer dans l'incision, on la fait pénétrer profondément, on passe le doigt dessus; il faut trois incisions à chaque membre. Quand les bêtes reprennent de l'appétit, il y a tout lieu d'espérer la guérison; mais, si les boutons sont petits, pressés les uns contre les autres, mal formés, de couleur pourpre, on peut compter sur un résultat funeste. Là formation des abcès, la chute de la laine et l'apparence d'une peau rosée sont de bons signes. Il faut ouvrir les dépôts à maturité et panser les plaies avec un digestif d'essence de térébenthine, un peu d'eau-de-vie et un jaune d'œuf. Les hommes et les chiens peuvent propager la contagion; il faut la plus grande surveillance à cet égard. Les bêtes trop faibles doivent être soutenues avec du vin, et même avec du pain et du vin; les autres, avec une bonne nourriture verte et sèche, et aussi de l'eau blanche.

DÉSINFECTION DE LA BERGERIE.

Les bergeries bien aérées, bien propres n'ont besoin d'être désinfectées qu'après des épidémies dont le troupeau a été victime, comme, par exemple, le claveau et autres..... Mais les bergeries empuanties par la saleté, l'humidité, le séjour trop prolongé des fumiers dans les étables ont, dans ce cas, grand besoin d'une chose si utile : ce qu'il y a de plus simple, c'est la fumigation de laurier, genièvre, bois résineux et vinaigre; il est bien entendu qu'il faut d'abord nettoyer la bergerie, c'est indispensable.

Autre. — Mettez dans un petit plat de la poudre de soufre avec quelques charbons; on ferme la bergerie et on se retire.

Autre. — Désinfection par le chloré, qui a des propriétés antiputrides les plus énergiques; on met dans une terrine qui résiste au feu un mélange d'acide sulfurique et d'eau de sel ; on établit ce mélange sur le fourneau en y ajoutant 1 livre d'oxyde noir de manganèse réduit en poudre (adressez-vous au pharmacien).

Autre. — Désinfection par la chaux ; c'est le plus actif et le plus en usage ; ce composé a l'aspect de la chaux, mais l'odeur qui s'en exhale annonce le chlore ; on prend 1 kilogr., plus ou moins, suivant la grandeur de la bergerie, on fait dissoudre dans un baquet plein d'eau pour laver les portes, les murs et tous les ustensiles de la bergerie jusqu'au sol.

Après avoir fait de longs voyages en France et à l'étranger, avoir beaucoup observé les troupeaux et les bergers qui m'ont été indiqués comme les plus instruits par la pratique ; après avoir passé bien des jours avec eux, comparé les différentes formes des étables, et les soins donnés dans des localités différentes, j'ai écrit ce petit travail sous la dictée des vieux bergers ; je suis désolé de n'avoir pas retenu leurs noms et leurs demeures, j'aurais eu un grand plaisir à les nommer.

En gardant les troupeaux avec les bergers, j'ai recueilli toutes les traditions confirmées par de longues années ; allant ainsi de canton en canton, ce sont eux qui m'ont appris à soigner les bêtes à laine en santé et en maladie ; si l'on trouve quelques bonnes idées, ce sont les leurs ; ce n'est donc pas moi qui donne des conseils aux bergers, ce sont des camarades, les plus instruits que j'aie pu trouver. Il est bien fâcheux que cette belle mission, qui m'a procuré tant de jouissance, n'ait pas été remplie par une personne plus capable, plus accoutumée à écrire ; j'ai bien besoin de toute l'indulgence de mes lecteurs, je la réclame instamment.

PLANCHES.

PLANCHE PREMIÈRE.

———

Le berger sort de chez lui pour aller conduire son troupeau au pacage : il a sa houlette, sa panetière contenant ses provisions, l'onguent pour la gale, un grattoir pour nettoyer les moutons, de l'alcali, un couteau, un trocart, une lancette pour soulager ses bêtes dans les coups de sang et le gonflement ; enfin ses deux chiens.

———

Pl. 1

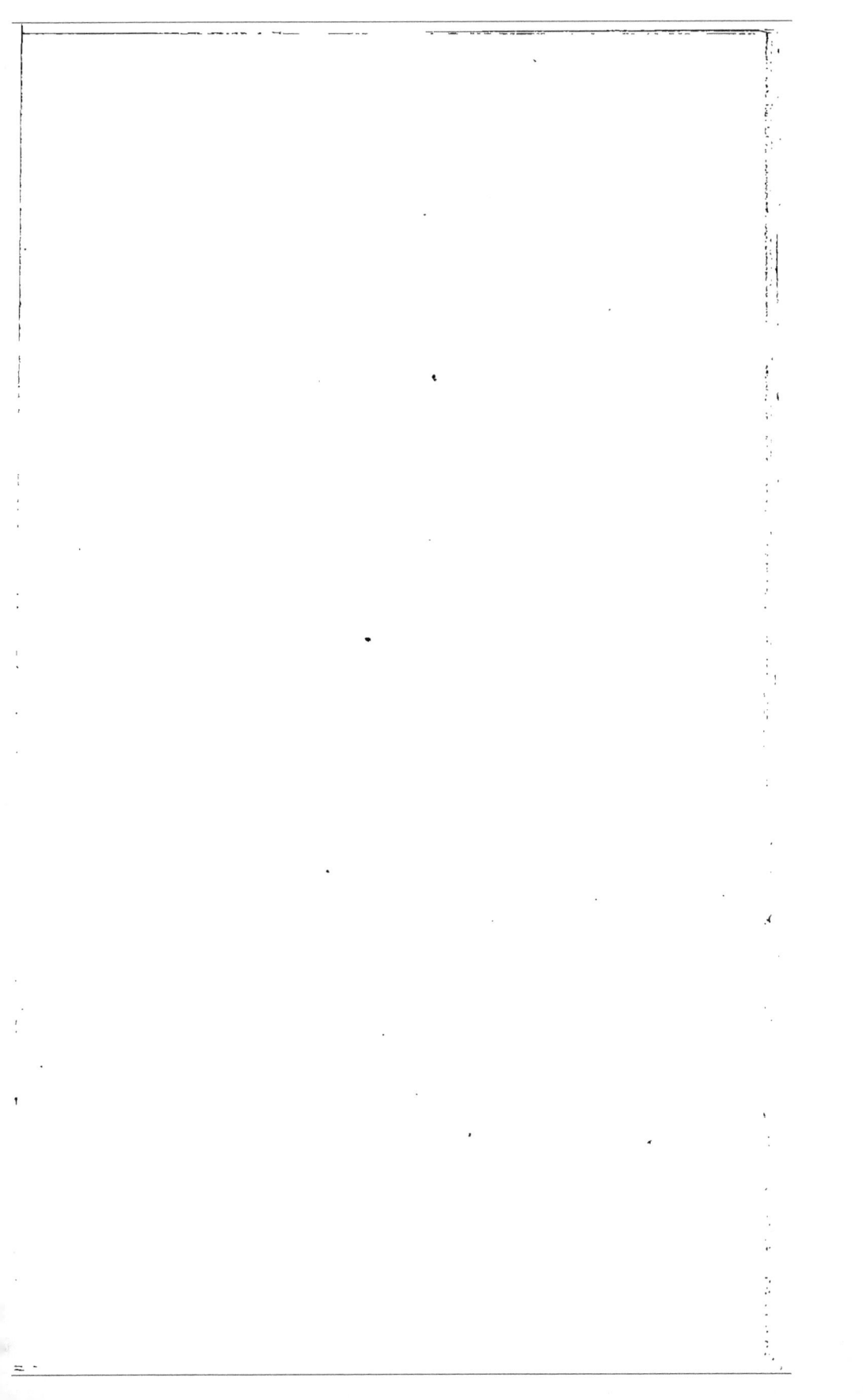

PLANCHE DEUXIÈME.

Le berger regarde l'âge des moutons. Voir la position des mains.

Pl 2

PLANCHE TROISIÈME.

Elle offre beaucoup d'intérêt, elle demande de longues réflexions. Nous recommandons aux bergers de tâcher de voir travailler de très-bons maîtres bergers.

Fig. 1re. La position est bonne, la délivrance se fera tout naturellement.

Fig. 2e. Une jambe est trop élevée, il faut profiter des efforts de la mère pour la baisser, mais sans violence; les mains graissées d'huile, la sortie de l'agneau sera plus facile.

Fig. 3e. Ramener le museau en avant pour favoriser la sortie.

Fig. 4e. Une jambe est retirée en arrière, tâcher de la rappeler en avant.

Age des moutons.

Fig. 5e, 1re année. Huit dents incisives pointues, et sous les dents de lait.

Fig. 6e, 2e année. Les dents du milieu tombent; elles sont remplacées par de nouvelles plus larges que les autres.

Fig. 7e, 3e année. Quatre dents tombent et sont remplacées par d'autres.

Fig. 8e, 4e année. Six dents tombent; il ne reste plus que les coins.

Fig. 9e, 5e année. Toutes les dents de lait sont remplacées.

Fig. 10e, 6e année. Les dents mâchelières commencent à se raser.

Pl.3.

Fig.1.

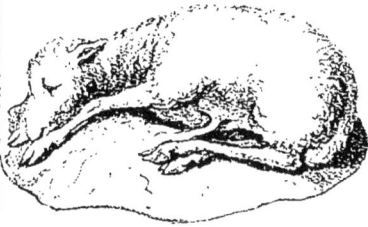

Fig 2

Fig.3.

Fig.4.

Fig.5.

Fig.6.

Fig.7

Fig.8.

Fig.9

Fig 10

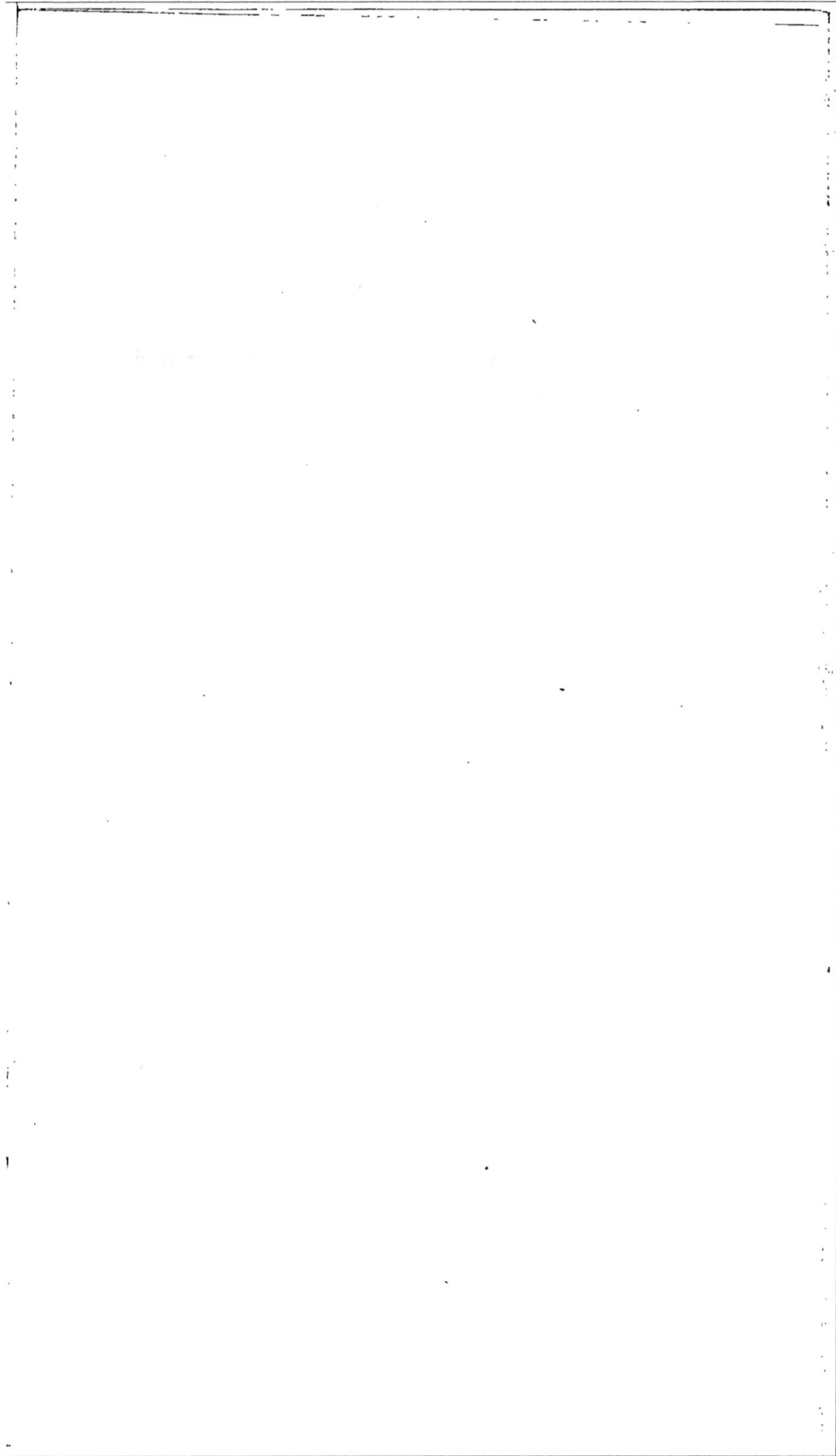

PLANCHE QUATRIÈME.

———————

Le berger attend les efforts de la mère pour aider la délivrance de l'agneau.

———————

Pl. 4

Imp. Lemercier, r de Seine 57 Paris

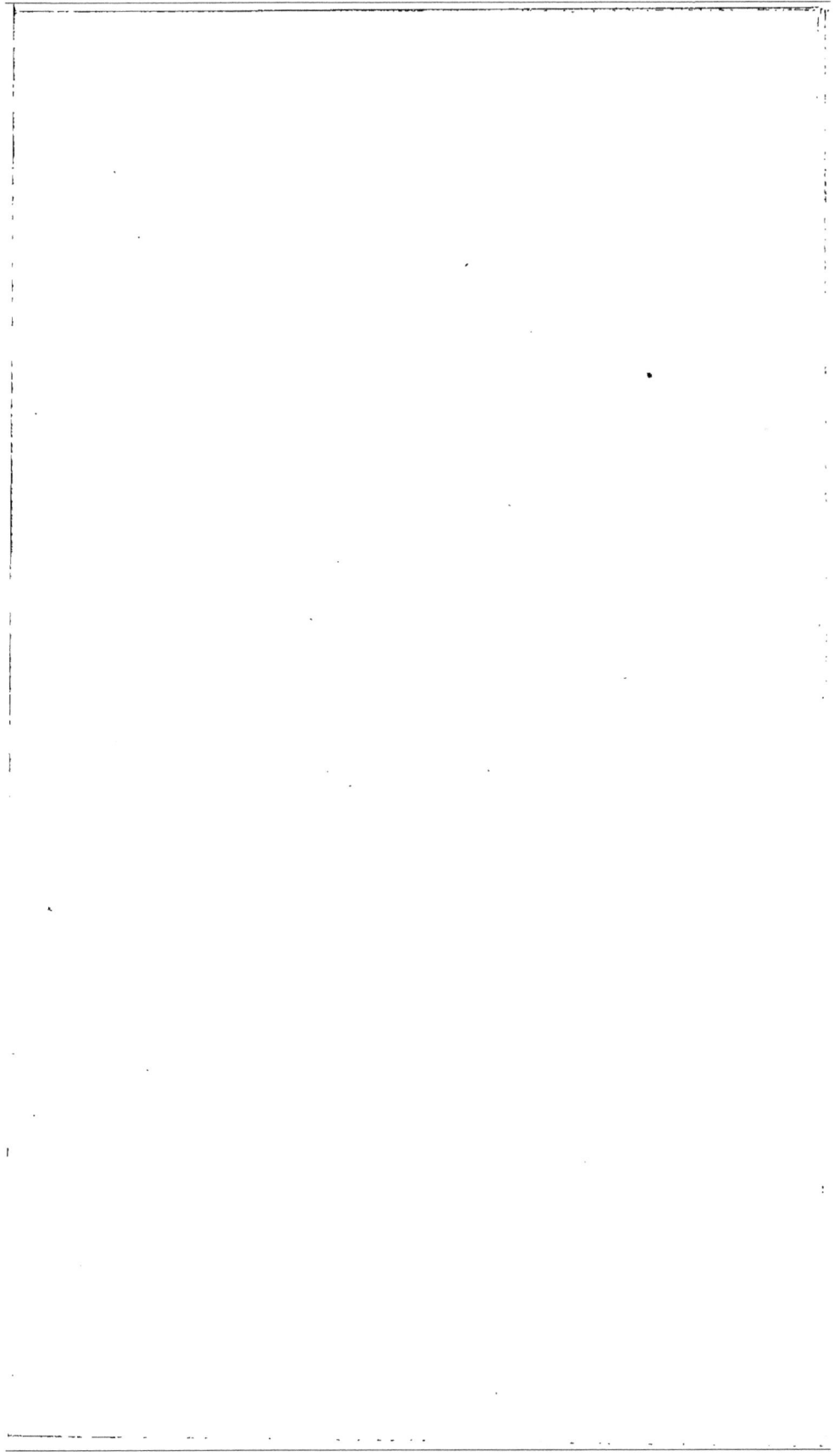

PLANCHE CINQUIÈME.

Le berger coupe la laine avec des forces.

Pl 5

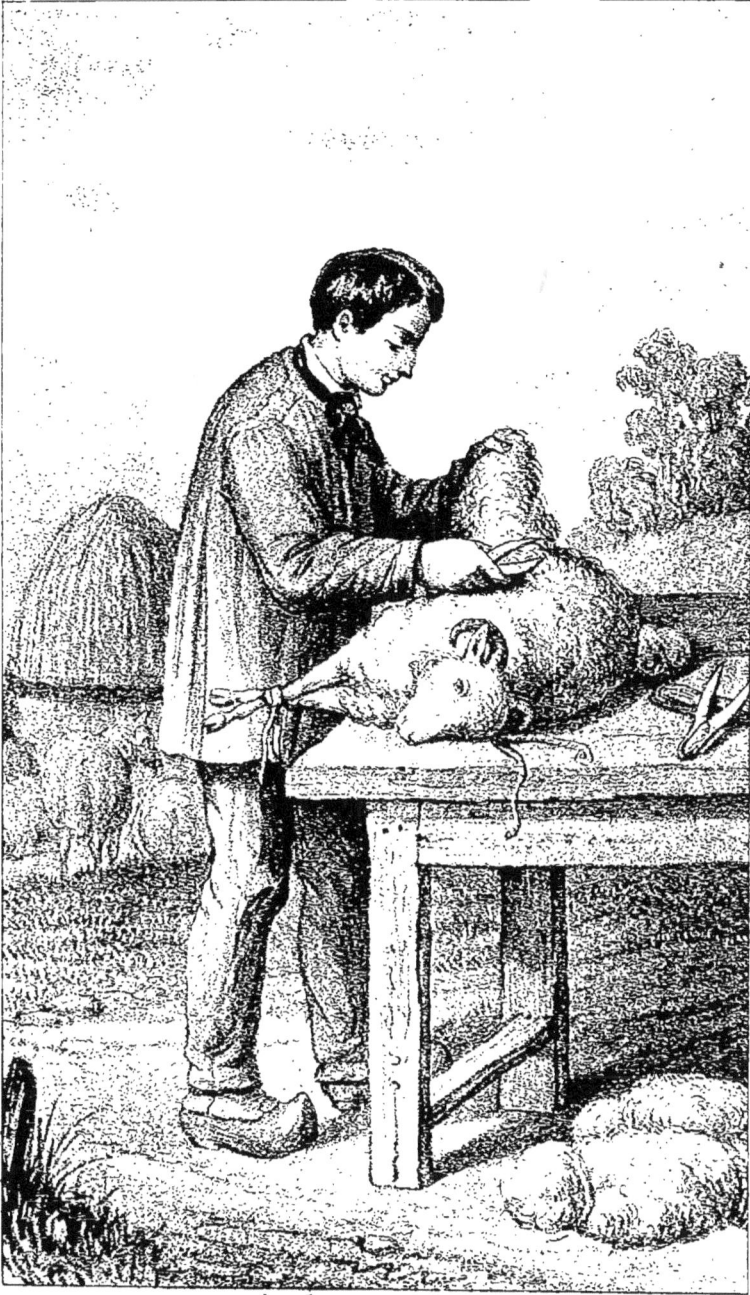

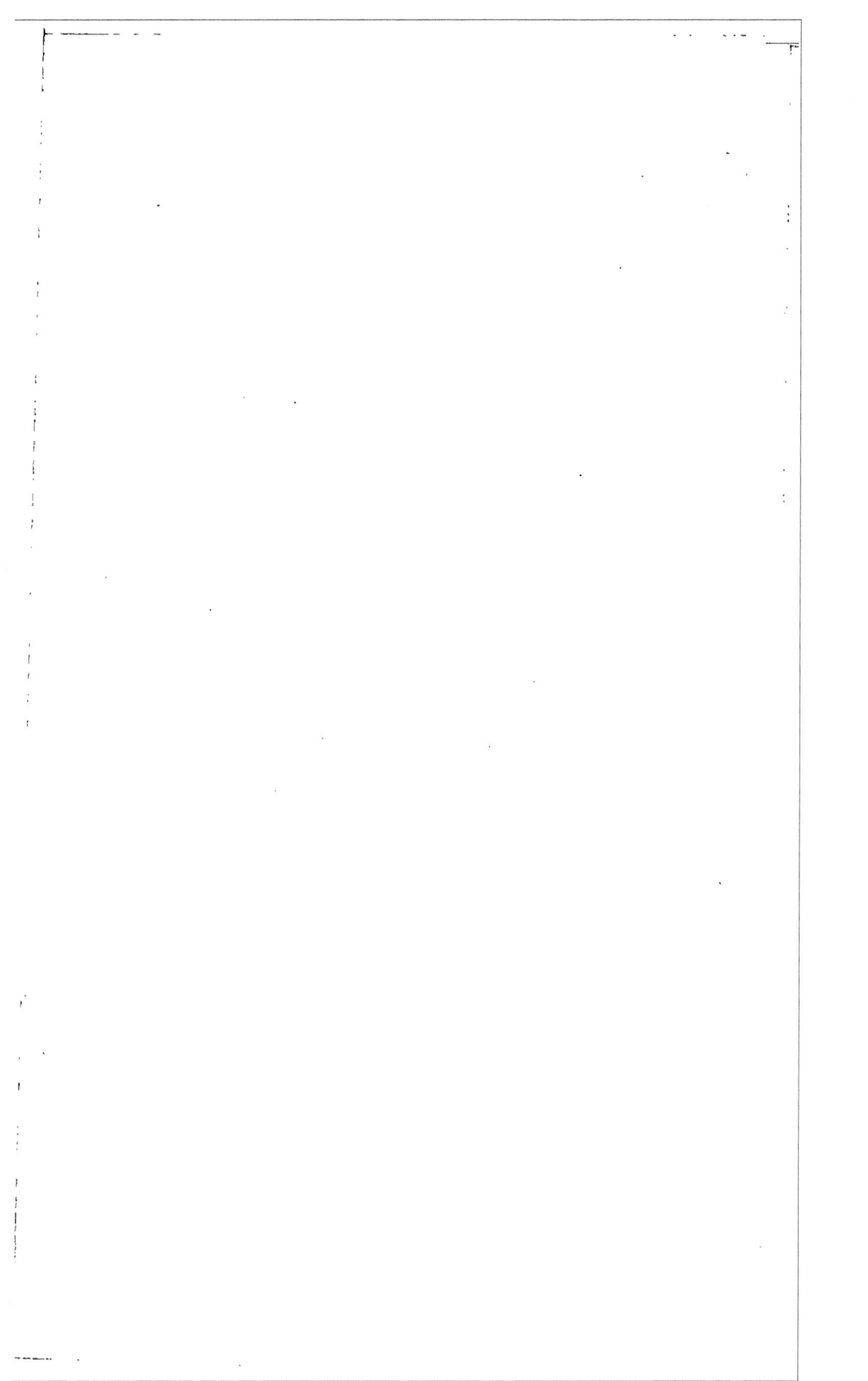

PLANCHE SIXIÈME.

Le berger saigne un mouton : il ouvre la veine au-dessus du tubercule formé sur la joue droite du mouton, par la racine de la quatrième dent màchelière, qui est la plus grosse; ce tubercule indique la place de la veine, et même le berger doit la sentir avant d'ouvrir, en la faisant gonfler, en la comprimant.

Pl. 6

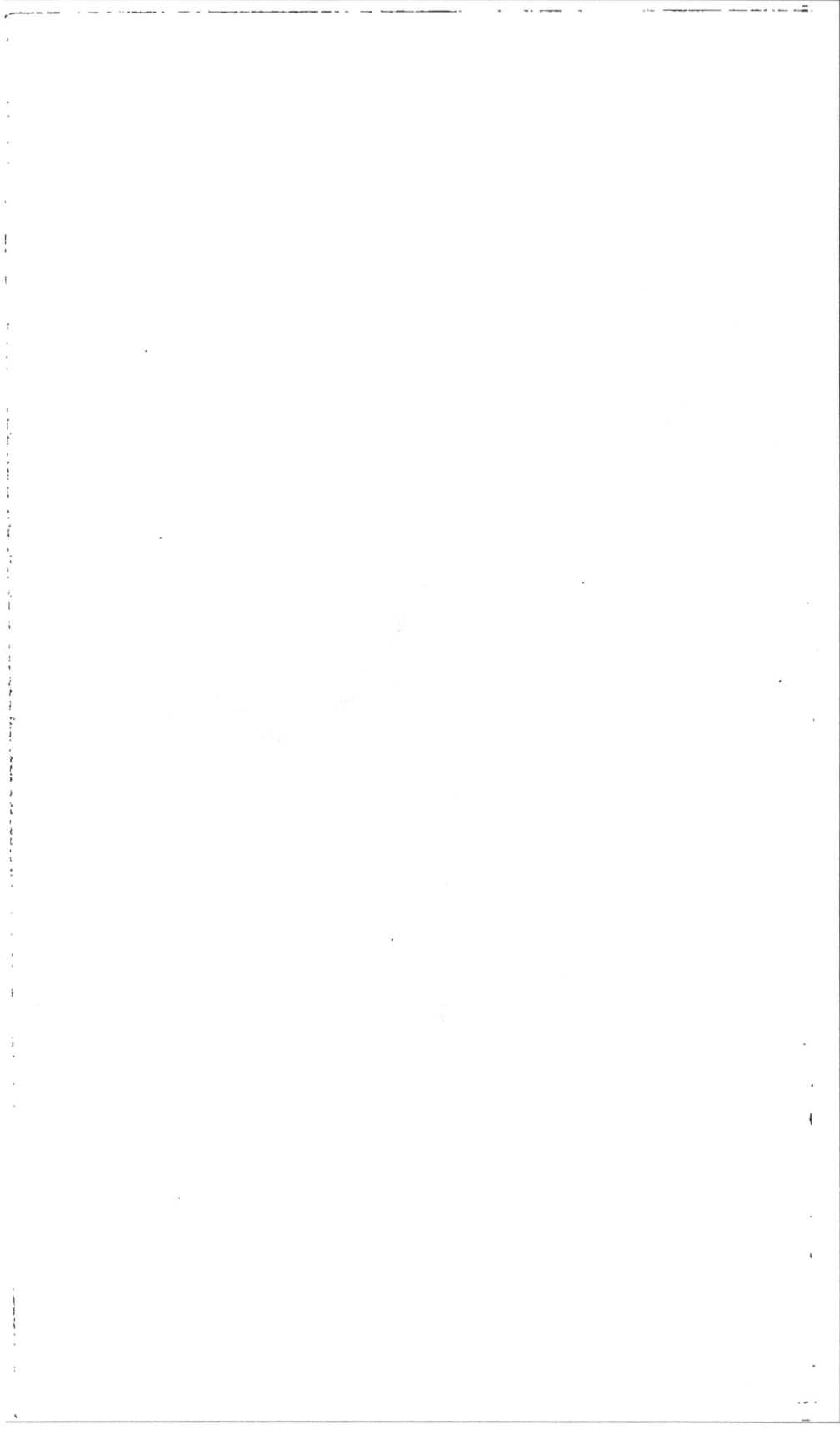

6

PLANCHE SEPTIÈME.

Le berger enlève la croûte du bouton de gale au moyen d'un grattoir; il prend de l'onguent avec le doigt pour mettre à la place des croûtes et pour l'étendre autour.

Pl 7

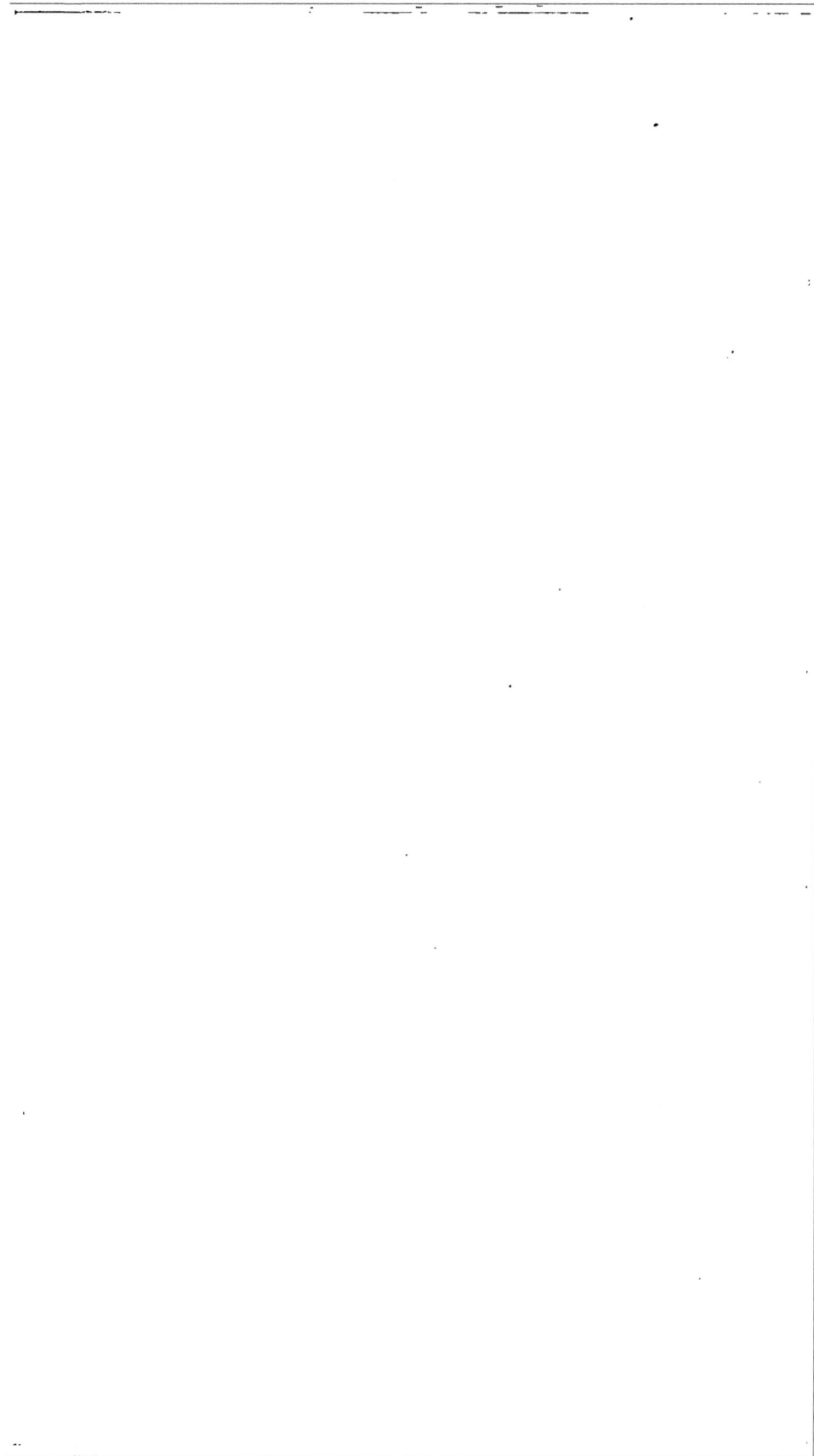

PLANCHE HUITIÈME.

Vue de la ferme à vol d'oiseau.

(1) Habitation du fermier : en bas, demi-étage dans les terres, température douce et égale, convenable pour les vins, les légumes, le lait; un escalier intérieur communique à tous les étages.

1er étage : cuisine, salle à manger, chambre à coucher; de son lit, la maîtresse de la maison voit dans sa cuisine et dans sa cour.

Lavoir, escalier.

En haut, trois chambres à coucher, plus haut le grenier.

En faisant le tour de la cour :

(2) Bûcher, volaille et cour, au couchant.

(3) Chambre de four, fourneau pour les cochons, *id.*

(4) Six toits à cochons et cour, *id.*

(5) Hangar au nord (nord).

(6, 7 et 8) Bergerie, chambre de berger et provisions : deux parcs, l'un, au nord, sans soleil; l'autre, au midi.

(9) La grange, au levant.

(10) L'entrée, *id.*

(11) L'étable des bœufs, des vaches, des chevaux.

Pl. 8.

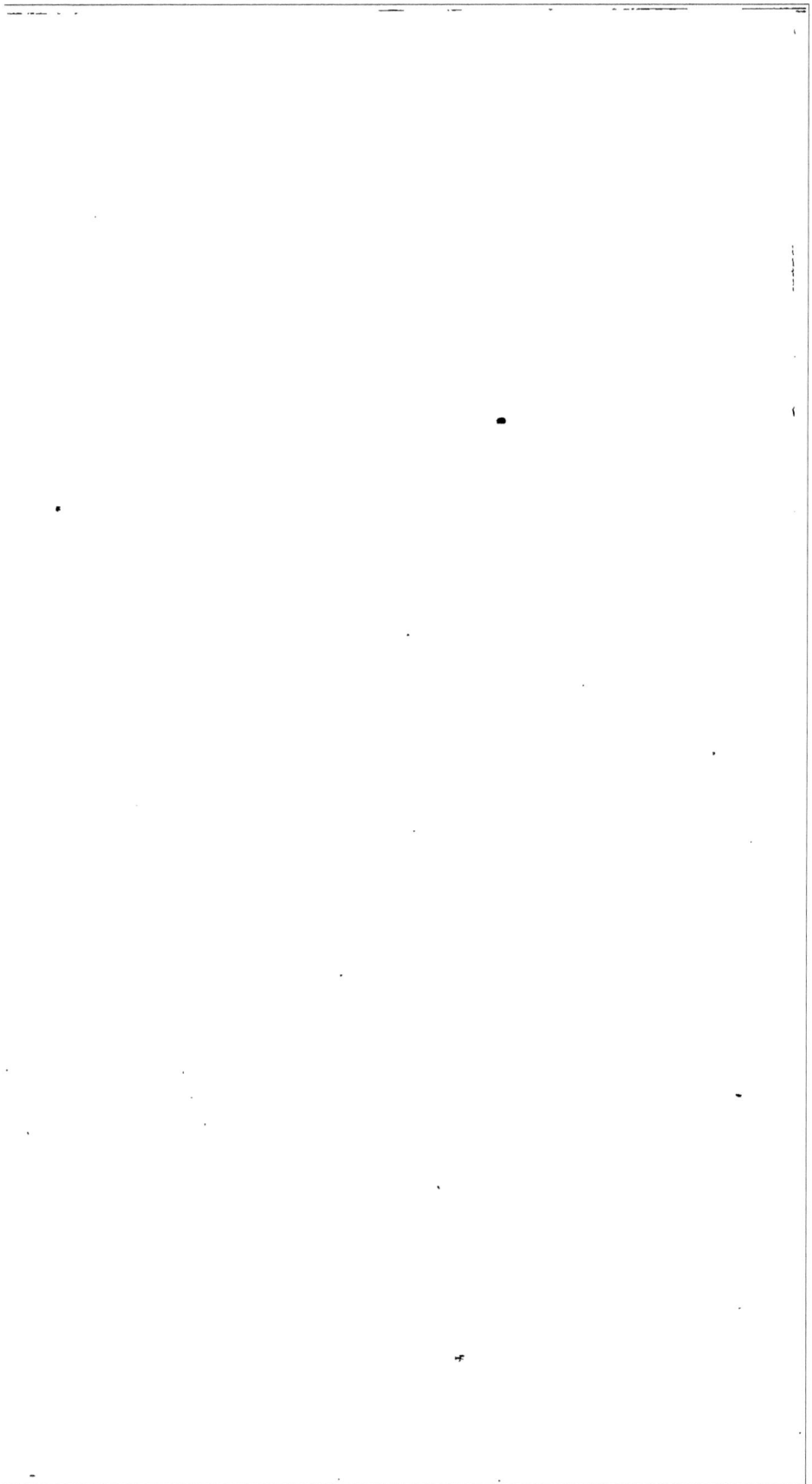

PLANCHE NEUVIÈME.

Plan par terre de la bergerie.

(1) Bergerie.

(2) Parc domestique, au midi.

(3) Parc domestique, au nord.

(4) Pharmacie et provisions du berger.

(5) Chambre de berger : de son lit, il peut voir dans sa bergerie et juger de la température, au moyen d'une ouverture; il fait son service sans sortir dehors.

Pl. 9.

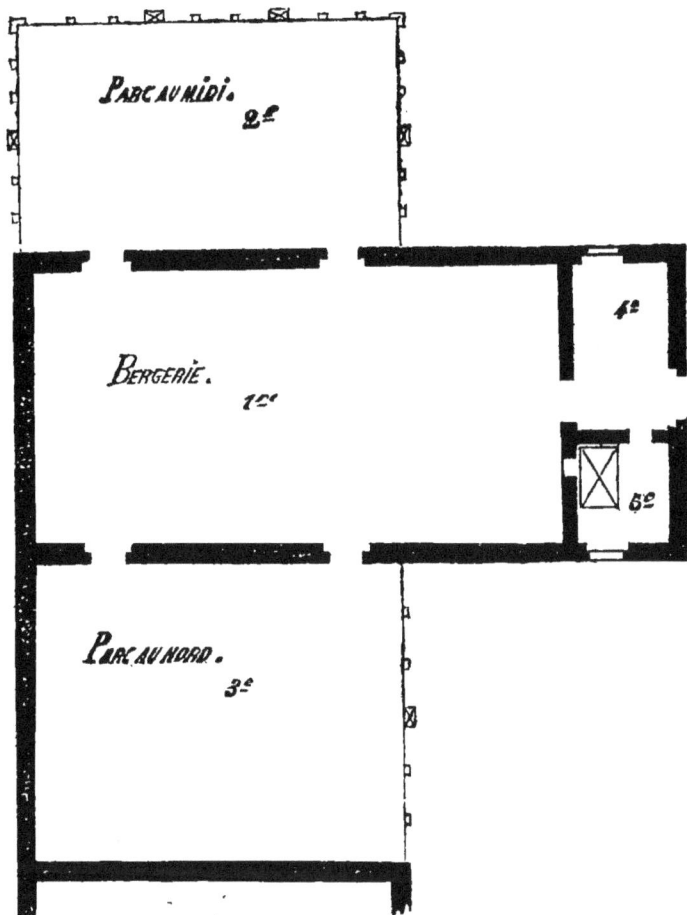

PARC AU MIDI. 2ᵉ

BERGERIE. 1ᵉ

4ᵉ

6ᵉ

PARC AU NORD. 3ᵉ

Échelle de 4 millim. par mètre.

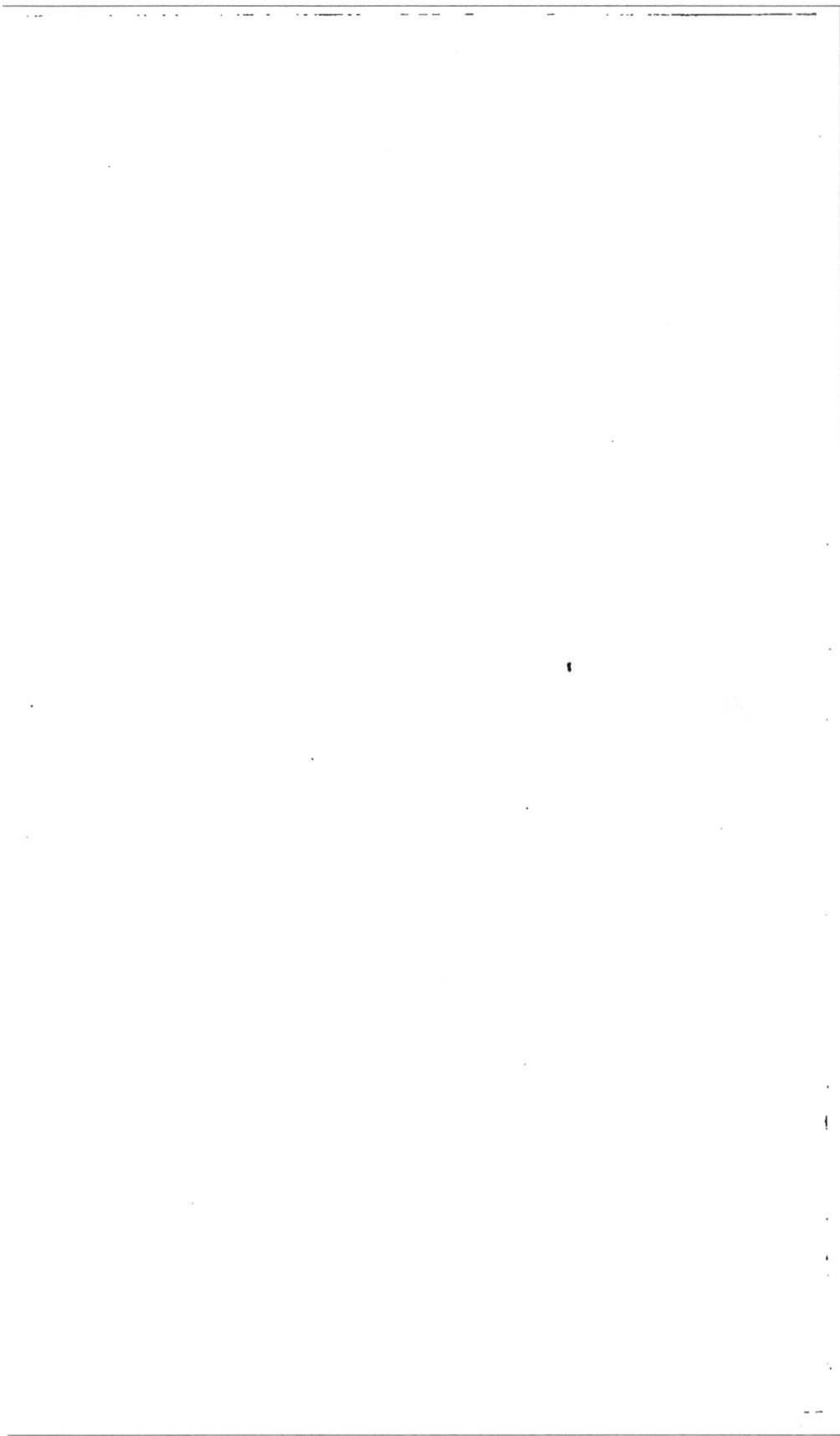

———

Art de s'enrichir par l'agriculture en créant des **prairies**, suivi de principes généraux sur la législation des cours d'eau, par *H. Pellault*, membre du conseil général de la Nièvre. 2ᵉ édit., 1849, in-12, fig.   3 fr. 50 c.

Chimie appliquée à l'agriculture ; nature des substances animales et végétales ; lait et ses produits ; sucre de betterave et sa fabrication ; fermentation, distillation, assainissement des habitations rurales, nature et action des engrais, action de l'acide carbonique et de l'oxygène sur la nutrition, phénomènes de la nutrition des plantes, etc., par M. le comte *Chaptal*. 2ᵉ éd. augmentée, 2 vol. in-8.   10 fr.

Éléments d'agriculture pratique , ou traité de la connaissance des terres, des engrais et de leur application, des instruments aratoires et des machines, des assolements, du labourage, de la culture des céréales, des plantes sarclées, textiles, oléagineuses et tinctoriales des prairies naturelles et artificielles ; suivis de notions très-étendues sur les fourrages, l'élève des animaux domestiques, la stabulation ; le tout terminé par un calendrier des travaux à faire chaque mois dans une exploitation rurale, par *David Low*, professeur d'agriculture à l'université d'Édimbourg ; trad. par M. *Lainé,* consul à Liverpool. 2 vol. in-8, avec 205 figures intercalées dans le texte, 1838.   12 fr.

Ouvrage adopté par le ministre de l'instruction publique pour l'enseignement agricole.

Cours de culture, comprenant *la grande et la petite culture des terres, celle des jardins, les semis et plantations, la taille, la greffe des arbres fruitiers, la conduite des arbres forestiers et d'ornement, un traité de la culture* *de la vigne et des considérations sur la naturalisation des végétaux*, 3 vol. in-8 de 500 pages chacun, avec un atlas de 65 planches in-4 gravées, représentant toutes les greffes, tailles, boutures, marcottes, les serres et bâches, les modèles de haies et de clôtures, les instruments, outils, ustensiles et machines d'agriculture et de jardinage, par *A. Thoüin*, membre de l'Institut de France et professeur au jardin des plantes ; publié par *Oscar Leclerc,* professeur d'agriculture au Conservatoire des arts et métiers, secrétaire perpétuel de la Société royale et centrale d'agriculture de Paris.   18 fr.

Code rural français, ou recueil des lois civiles, administratives, forestières, de pêche, de chasse, de procédure et de police qui concernent les campagnes, accompagné d'un texte explicatif, par M. *Malpeyre*. 1 vol. in-12.   3 fr.

Préceptes d'agriculture pratique de *Schwerz*, directeur de l'institution royale d'expériences et d'instruction agricoles de Hohenheim, trad. de l'allemand par *P. R. de Schauenburg*, député, cultivateur à Geudertheim. 4 vol. in-8.   19 fr.

— 1ʳᵉ *Partie*. **Connaissance des terres** en agriculture, de la température et de ses effets, des amendements, des engrais, préparation des fumiers, leur valeur comparative et leur application. 1839.   5 fr.

— 2ᵉ *Partie*. Culture des **plantes à grains farineux,** ou céréales et plantes à cosses, assolements, labours, quantité de semence, récolte et son rendement ; de la paille, son rapport avec le grain, ses propriétés comme fourrage pour la nourriture des animaux. 1840.   6 fr.

— 3ᵉ *Partie*. Culture des **plantes fourragères**, leur récolte, leur conservation et leurs différents emplois économiques dans l'alimentation des chevaux et du bétail. 1841. 5 fr.

— 4ᵉ *Partie*. Culture des **plantes économiques, oléagineuses, textiles et tinctoriales**, trad. par M. *Laverrière*. 1847, 1 vol. in-8, fig.   3 fr. 50 c.

Cet ouvrage a obtenu la grande médaille d'or de la Société centrale d'agriculture de Paris.

Éléments de **Chimie agricole** et de **géologie,** par *James F. G. Johnston;* trad. de l'anglais par M. *Exschaw*, ancien élève de l'école d'agriculture de *Grand-Jouan* et re- vus par *J. Rieffel*, directeur de cet établissement. 2e édit., augmentée de tout ce que contient la nouvelle édition publiée à Londres par M. *Laverrière*. 1 beau vol. in-12, fig., 1849.   3 fr. 50 c.

Théâtre d'agriculture et mesnage des champs *d'Olivier de Serres*, seigneur du Pradel, dans lequel est représenté tout ce qui est nécessaire pour bien dresser, gouverner, enrichir et embellir la maison rustique ; contenant l'art de bien employer et cultiver la terre dans toutes ses parties, ses diverses qualités et climats, d'augmen- ter son revenu. Nouvelle édit. conforme au texte ancien, aug- mentée de notes et un vocabulaire, publiée par la Société d'agriculture de la Seine. 2 gros vol. in-4, fig.   25 fr.
Cet ouvrage se donne en prix par les sociétés et comices agricoles.

Des différents moyens d'amender le sol, ou traité de la chaux, de la marne, du sulfate de chaux, de l'é- cobuage, des cendres pyriteuses de la Picardie, de la tourbe, de la houille, des os, des engrais de mer, du nitrate de po- tasse, par M. *Puvis*. 1 vol. in-8.   2 fr. 50 c.

Collection de **machines, instruments, us- tensiles, constructions, appareils,** etc., employés dans l'économie rurale, domestique et industrielle, avec 200 planches lithographiées représentant plus de 1,200 su- jets, etc., par M. le comte *de Lasteyrie*. 2e édit., 2 vol. in-4.   60 fr.

Traité des prairies naturelles et artificiel- les, ou Flore fourragère, contenant la culture, la descrip- tion et l'histoire de tous les végétaux propres à fournir des fourrages, et diverses méthodes d'irrigation et de nivellement, avec 48 magnifiques gravures représentant toutes les grami- nées, par M. *Boitard*. In-8, fig. noires.   10 fr.
— Figures coloriées.   15 fr

Traité général des prairies et de leur irrigation, des engrais qui leur conviennent, du desséchement des marais. Ouvrage orné de planches et de plans de diverses machines pour élever les eaux à peu de frais, par *Ch. d'Ourches.* 2ᵉ édition, in-8, figures. 4 fr. 50 c.

Agriculture de l'ouest de la France, M. *Oscar Leclerc-Thouin*, professeur au Conservatoire national des arts et métiers, secrétaire perpétuel de la Société nationale et centrale d'agriculture, etc. 1 vol. grand in-8, orné de 135 gravures intercalées dans le texte, et d'une jolie carte du département. 12 fr.

Annales de l'institution agronomique de Grignon, contenant des Mémoires sur divers points importants de l'agriculture, les progrès et les améliorations de cet établissement, les méthodes culturales qui y sont suivies et les résultats obtenus de 1828 à 1849. 22 livraisons in-8, fig. 54 fr.

Il paraît tous les 3 ou 4 mois 1 liv. qui se vend séparément.

Taille raisonnée des arbres fruitiers et autres opérations relatives à leur culture, démontrées clairement par des raisons physiques tirées de leur différente nature et de leur manière de végéter et de fructifier, par M. *C. Butret.* 18ᵉ édit., 1840, in-12, fig. 1 fr. 50 c.

Culture des Jardins maraîchers du midi de la France, contenant la culture de chaque espèce de légumes, les travaux journaliers d'exploitation d'un jardin maraîcher, le choix et la récolte des graines, et en général tout ce qui concerne les cultures hâtives, pour les salades, les melons, les fraises, etc.; suivie d'un traité des coches et de leur formation, par M. *Maffre.* 1 gros vol. in-8. 5 fr. 50 c.

Ouvrage couronné par la Société centrale d'agriculture.

Traité de la culture de la vigne et de la vinification, la fabrication des vins rouges et blancs, des vins de liqueur naturels et artificiels, et des vins mousseux, par *B. A. Lenoir.* 1 gros vol. in-8 de plus de 600 pages, fig. 7 fr. 50 c.

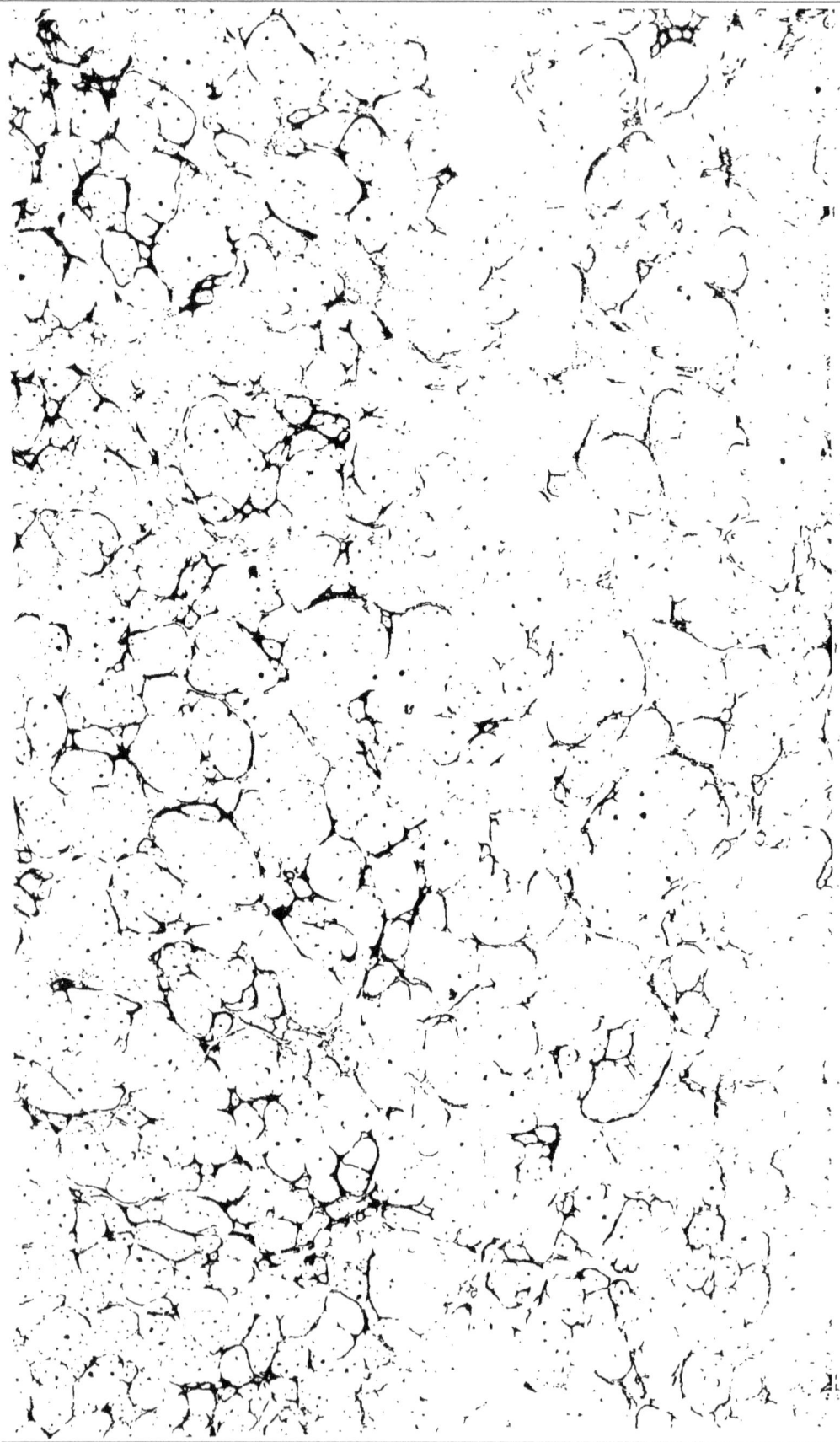

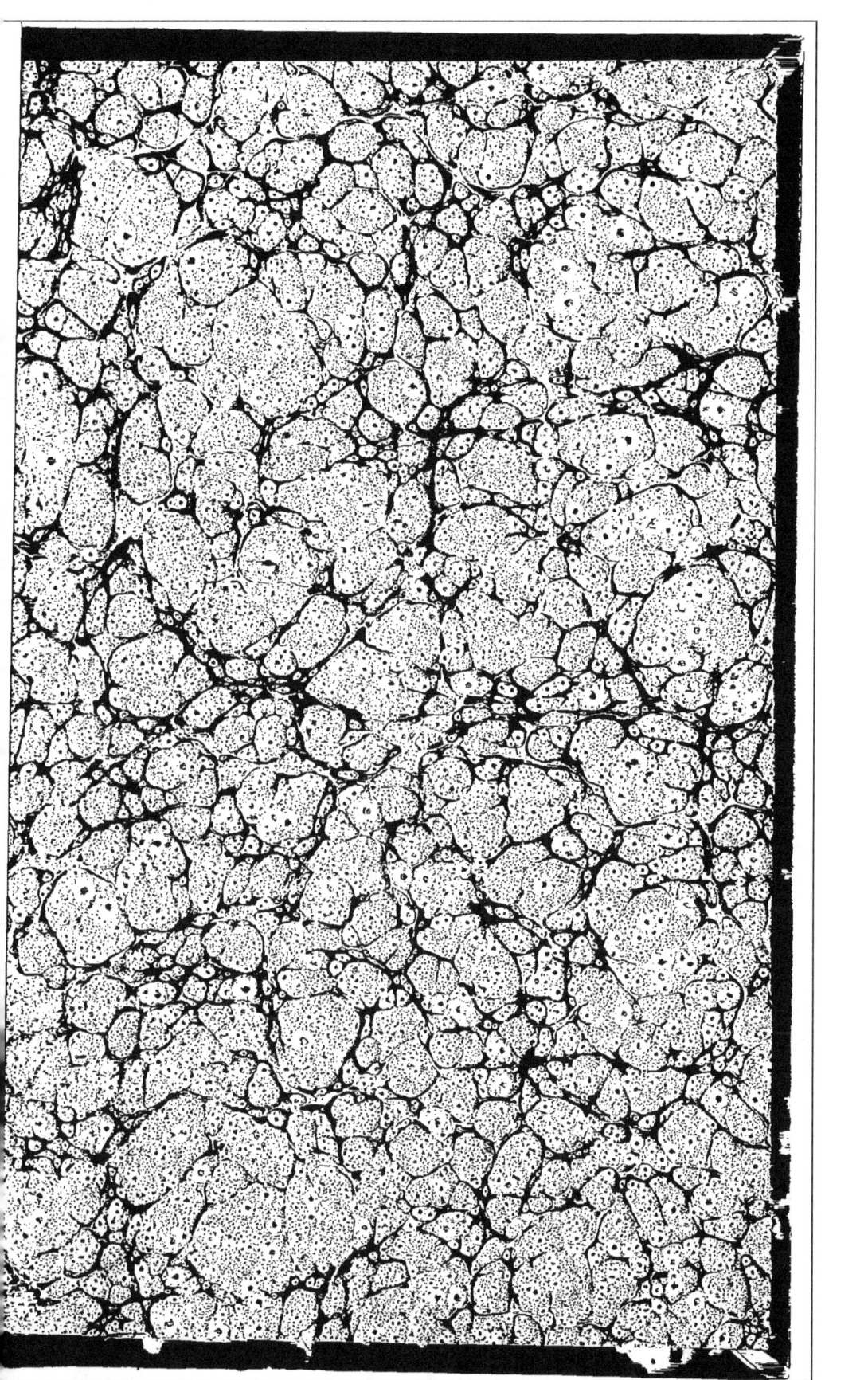

www.ingramcontent.com/pod-product-compliance
Lightning Source LLC
Chambersburg PA
CBHW071105210326
41519CB00020B/6178